Pour Catherine,

Indy, Cookie,

les animaux

JE EST UN ANIMAL

de la ferme, qu'on n'oublie pas, et qu'on embrasse . . .

et tous ceux qui passeront près de vous au fil de votre lecture !

En souvenir de votre rencontre d'Ambre & Avec le goéland

C.

BREST. 26.10.2024

CAMILLE
BRUNEL

JE EST UN ANIMAL

Repenser la rencontre avec les animaux

ulmer

Pour Padmé, Phœbe et Bruno Latour

Ils descendaient en un vol oblique d'un quart de mile pour se poser sur une partie éloignée et encore libre du lac ; mais leur sécurité mise à part, j'ignore l'intérêt qu'ils trouvaient à voguer ainsi au milieu du lac Walden, à moins qu'ils n'aient aimé ses eaux pour la même raison que moi.

Henry Thoreau, *Walden* (1854)

SOMMAIRE

Chers animaux,

J'étais à un concert de piano ; je rêvais. Chopin, Debussy, Fauré. Puis, en pleine *Barcarolle,* j'ai retrouvé mes esprits. La musique se poursuivait et je me suis rappelé où j'étais, comme sorti du bois où je m'étais perdu. J'ai regardé le pianiste. J'ai pensé à vous. Ses mains jouaient, son visage aussi : des émotions y passaient comme les nuages, suivant la mélodie. Alors je me suis dit : ces émotions, ce ne sont pas les miennes. J'ai considéré ce décalage, songeant que ce pianiste aurait aussi bien pu ne pas être de mon espèce. Être une baleine à bosse, ou un merle. La musique aurait été la même. Le décalage entre nos émotions aussi, tout droit venu de la distinction entre nos existences, l'une sous l'eau, l'autre dans les airs, cette autre encore sur scène. Je me suis dit aussi : quel que soit le chant, le milieu, la longévité, que sais-je, c'est toujours un animal, c'est toujours ce que je suis et qui ne diffère pas de ce pianiste, de ce merle, de cette baleine. De cela, les humains ne se rendent pas compte : moi-même, dans l'auditorium, je me suis trouvé surpris. Nous peinons à imaginer comme vous nous ressemblez, et à quel point vous comptez. Vos plaisirs sont les nôtres, vos souffrances aussi.

Sur cette planète, que nous vous avons prise, notre attitude est celle d'une nuée de sauterelles. Quadrillé par nos soins, le monde est couvert d'élevages, d'abattoirs et de bateaux de pêche, tandis que notre appétit fonctionne comme notre économie : aveugle aux alternatives. On ne va pas prendre le risque de maigrir. Et si l'on peut manger, on mange sans réfléchir. Ce qui a commencé comme une erreur de bonne foi vire à la tragédie, nous en connaissons désormais le titre : sixième extinction de masse. Voilà plus de dix ans, je nous ai fait la promesse de ne plus me nourrir des produits de votre exploitation. La composition de mon organisme devait changer, et par là même celle de mon imaginaire. Le symbole était devenu assourdissant : fondamentalement écologiste, je ne pouvais plus déplorer votre disparition tout en vous jetant quotidiennement, comme dans des oubliettes, au fond de mon ventre. Quel mérite avais-je à ne pas me nourrir de paresseux ou de pangolins ? Le défi se jouait dans ce qui était à ma portée. J'ai eu honte de mon admiration pour les animaux sauvages, libres et beaux, et de mon mépris pour le bétail que je n'avais jamais questionné. Pangolins, vaches, paresseux et cochons ne diffèrent pas tant que cela. Cette révolution intime m'a rendu militant animaliste, engagé corps et âme, tête, cœur et estomac.

Dix ans plus tard, le monde a évolué, mais la recette de sa composition est demeurée la même. En dépit d'éclats d'espoir saisis ici ou là, la tendance reste à l'amenuisement de la vie sauvage, et à l'accroissement de la consommation de votre chair par mes semblables. Ces ingrédients sont ceux d'une inéluctable chute. Que s'est-il donc passé ? Et que n'avons-nous pas tenté ? Cette forteresse humaine, imprenable et vorace, doit avoir une faiblesse qui nous a échappé. J'y vois une fissure, déjà : l'écologie qui fut la mienne, jusqu'à mon changement de régime, est devenue commune. Les marées de plastique dégoûtent tout le monde, et les pesticides effraient ceux qui se donnent la peine d'y penser en mangeant. Rares sont ceux qui affirment préférer un aéroport à un lac, une voie ferrée à une jungle, une autoroute à un marais. Ils existent, certes, ils ont du pouvoir, et leur règne est sinistre. Mais la plupart des gens, de tous bords politiques, leur en veulent ; et la petite musique pour endormir les foules est devenue celle des labels verts, du « respect du vivant » et de la « durabilité ». Ce faisant, l'insatiable *Homo sapiens* poursuit ses interrogations. Il espère se sauver et si possible, éventuellement, réserver aux bêtes une place dans l'arche. Mais qui êtes-vous, chers animaux ? Nous vous avons perdus de vue. Vous êtes confondus dans la masse des victimes de notre civilisation, floutés dans un ensemble où s'additionnent Premières Nations, fleuves, coraux, oxygène, sapinières et grands troupeaux. Ce qu'on appelle un peu vite la nature, et dont vous n'êtes plus les habitants, mais les briques. Les fantômes cloîtrés dans un manoir ouvert aux quatre vents.

Vous libérer, c'est d'abord vous libérer de l'idée que nous nous faisons de vous. C'est vous réincarner. Interrompre votre évaporation, votre devenir-spectres. Vous libérer, c'est vous remettre au centre, nets, précis, réels, exacts. Conscients. Qu'il soit trop tard ou non, le seul espoir qui nous reste pour ne pas nous effondrer de honte, c'est encore de parler de vous, tant que vous êtes encore là. C'est raconter la merveille de vous savoir si près, vous qui ne me lirez pas, mais n'en avez pas besoin.

Prenez soin de vous,

C.

Camille,

De ton esprit au nôtre, il n'y a que ces mots qui te permettent de nous regarder de loin. Plus loin que si tu étais guêpe ou suricate, martre ou murène, vautour ou éléphant. Souviens-toi : jouant avec les signes que tu appelles mots, tu arpentes le vide et tu prends le risque de céder à l'attrait de la gravité, dans un abîme intitulé spécisme, où tu tomberas seul. Divinité, totem, avatar ; sensibilité, sentience ou conscience : quels que soient les termes que tu comptes employer pour nous désigner, nous, rien ne vaudra jamais l'échange d'un regard, d'une caresse consentie, d'une frayeur commune – quand le sol tremble, quand le corps lance, qu'une rivière déborde ou qu'un incendie engloutit un village de forêt.

Souviens-toi que ton engeance doute encore de l'existence d'un regard à l'abri de nos yeux, comme si ce doute, acharné, formait la preuve ultime de l'intelligence. Or qu'arrive-t-il aux êtres considérés comme des choses ? Ils disparaissent. Physiquement, d'abord, dans les abattoirs, les filets ou les marées noires, puis dans vos têtes, votre imaginaire, sous un maillage de mots, d'idées, de concepts. Nous te le répétons : méfie-toi de ce voile. Comme le monde virtuel auquel tu consacres tant d'heures, connecté, il délimite un univers auquel nous n'avons pas accès, qui ne nous concerne pas et où tu risques de t'habituer, chaque jour, à notre absence. Virtuels, nous le devenons peu à peu, chaque fois que tu nous réinventes.

Je ne supporte plus que l'on parle de moi en termes mystérieux. Je suis une renarde : ma joie n'est pas celle des arbres mais la mienne, tandis que j'essaie de survivre et de jouir de l'existence, de ma présence dans mon corps. Je suis une baleine bleue : je n'œuvre pas pour Gaïa, j'essaie de survivre et de jouir de l'existence, de ma présence dans mon corps. Je suis un étourneau, pas un point sans regard dans une masse informe, mais un individu suivant ses pairs, et j'essaie de survivre et de jouir de l'existence, de ma présence dans mon corps. Je suis un chevreau, pas un simple maillon de la chaîne du vivant, honoré, découpé, cuisiné ; j'essaie de survivre et de jouir de l'existence, de ma présence dans mon corps.

Le mot « vivant », que vous avez forgé, est l'un des plus précieux : il désigne ce dont vous êtes responsables, et qu'il vous incombe d'empêcher de disparaître. Mais ne nous perds pas de vue, nous. Embrasse le vivant, jouis de paysages majestueux traversés de rivières, d'aigles et de geais, mais ne néglige pas le fait que le chêne, contrairement au geai, ne garde pas la mémoire de ses petits en cherchant de quoi les nourrir, que la montagne, contrairement aux animaux que nous sommes, n'a ni préférences, ni goûts : elle est. Nous, êtres conscients, pouvons être tellement plus : heureux ou malheureux, souffrants ou méfiants, craintifs, impatients… Ne nous mystifie pas : nous existons. Le réel suffit à son enchantement. C'est très proches du sol, et proches de la terre, que nous menons des existences plutôt compréhensibles. Très proches de notre corps qui est aussi le tien : chair, poumons, conscience.

En espérant que ces quelques mots, exceptionnels et fictifs, sauront t'inspirer et fixer le cap des pages à venir.

Pense à nous.

Et au travail.

PROLOGUE

Je ne respecte pas la manière dont nous sommes supposés habiter un corps humain.

Sunaura Taylor, *Braves bêtes* (2019)

Dans les bois près du village, l'averse fait crépiter les frondaisons. Le pelage dégoulinant dans l'enclave ouatée de leur territoire sensoriel, les chevreuils n'interrompent pas leur repas. L'herbe est plus fraîche, plus désaltérante. Les sons paraissent étouffés, les odeurs se confondent, rehaussées par l'humidité, mais les dangers sont moindres lorsqu'il pleut si fort. De cela, chaque membre de la harde se souvient. Près d'eux, un couple de corvidés échange quelques croassements, leur plumage scintillant de gouttes prises dans leurs plumes. De l'autre côté des champs, une famille célèbre Pâques. De l'autre côté des carreaux striés par la pluie, on commente la météo, on y ajoute des proverbes, des plaisanteries, des souvenirs. On alterne entre le réel et son interprétation, son fantasme. L'entrée est passée : apparaît alors, sur un grand plat vert et rouge, de la viande d'agneau. S'ils s'invitaient du côté chauffé des murs de ciment et de verre, les chevreuils sentiraient la tension, les hormones de stress, le changement d'atmosphère soudain. « Tu nous embêtes, on a toujours fait comme ça. » Une personne, autour de la table, refuse de manger des animaux. Elle ne sait pas comment le défendre, elle sait juste que c'est mal ; ce faisant, elle menace la cohésion de sa meute, s'attaque à ses fondements, et risque le rejet.

À ces militants décontenancés par la teneur de certains contre-arguments, mon conseil est toujours le même : faites simple. Un enfant de quatre ans doit pouvoir expliquer les bases de l'animalisme. Si votre argumentaire se complique, si vous perdez le cap, c'est que vous avez pris la mauvaise direction, celle des adultes et de leurs concepts auxquels on peut demander de justifier n'importe quoi. Et si votre interlocuteur vous embrouille, c'est sans doute qu'il défend l'indéfendable, et que vous êtes le témoin de génuflexions morales, de gymnastique philosophique. Les animaux veulent vivre et, si la clémence est à notre portée, nous nous devons de leur épargner la mort : tout le reste est superflu, tout le reste n'est que de la conversation, le bruit de fond d'une civilisation trop attachée à ses fondations suprémacistes. Il n'est plus question, alors, que de renforcer une identité, de consolider ces fondations, et non plus de partager des idées. Je suis là ! Je suis ça ! Longtemps, l'humanité a cru que les oiseaux ne se disaient rien d'autre, que leur chant n'était jamais qu'une manière de marquer leur territoire, puis la zoosémiotique est arrivée. Nous avons découvert qu'ils se disaient beaucoup d'autres choses. Ne retombons pas dans ces discours élémentaires, ces dialogues d'oiseaux sourds. Je me méfie du piège consistant à détailler ses positions. Si nous voulons faire honneur à la complexité animale, faisons simple. Contentons-nous d'amplifier ce que chacun d'entre eux nous dit, du simple fait de sa présence auprès de nous, sur terre : j'existe. Un enfant de quatre ans saurait le faire aussi : il suffit de désigner les animaux et de les remettre au centre du tableau.

Près de la table au festin litigieux, un épagneul est endormi au pied d'un canapé. Sur le canapé, un chat sommeille aussi : les deux animaux ont appris à se connaître, se sont apprivoisés et, au fil des années, ont développé une réelle amitié. Il leur arrive de jouer ensemble ; leur activité préférée, celle à laquelle ils consacrent le plus de temps, consiste à faire la sieste l'un à côté de l'autre. Considérons d'abord ceci : dans ce grand salon, devenu arène d'un débat familial, ce sont eux qui sont au centre. Les primates babillants, éructants, élucubrants sont dans leur périphérie.

La faiblesse des débats sur notre relation aux animaux et les joutes qui s'ensuivent tiennent à un malentendu. Qu'est-ce que c'est, « les animaux » ? Nous oublions généralement de nous mettre d'accord là-dessus. Parlons-nous de ce chien et de ce chat assoupis ? Des huîtres servies en entrée ? Des poules à l'extérieur, dans le poulailler ? Des drosophiles sorties de la poubelle, dans la cuisine ? Des bélougas du documentaire animalier que regardent les enfants de la famille, qui ont déjà demandé à sortir de table ? Ce que nous nommons « règne animal » est un royaume aux frontières disputées. Pour certains, c'est tout ce qui vit. Pour d'autres, tout ce qui ressent. Pour moi, c'est tout ce qui pense, et si cette définition me paraît la plus séduisante, c'est qu'elle me semble la plus à même de renverser notre société, à qui je ne pardonne pas le fait qu'elle autorise l'existence des abattoirs et l'indicible détresse animale qui les accompagne. L'éthologie cognitive, qui se consacre à l'étude du comportement des animaux en fonction des indices de leurs réflexions et de leurs élucubrations, à eux, nous a fourni en cinquante ans plus de sujets de discussion que tout l'élevage en quinze millénaires. Que se disent les oiseaux ? Comment apprennent-ils à parler ? De quoi rêvent-ils ? Si les éleveurs savaient ce qu'est une poule, un agneau ou une vache, ils ne l'enverraient pas à l'abattoir.

Entre les humains de cette tablée pascale, un gouffre d'incompréhension s'est creusé, pas loin d'égaler celui qui sépare un bélouga d'une tique. Avec quelques efforts de mise au point, ne pourraient-ils pas, au minimum, faire en sorte de s'entendre aussi bien que les narvals et les bélougas que les enfants, devant la télé, regardent nager ensemble, et même communiquer ?

Qui sait d'où viennent ces images mentales de concepts abstraits, auxquelles nous recourons quotidiennement sans nous en rendre compte ? Notre conception du temps est soumise à des variations, et pourtant nous avons tous, au poignet ou dans la poche, un outil pour nous mettre d'accord sur l'heure qu'il est. Tout le monde n'associe pas non plus les mêmes lettres aux mêmes couleurs. *A* noir ? *E* blanc ? *I* rouge ? En composant son poème appelé *Voyelles,* Arthur Rimbaud n'énonçait que sa propre vérité, ouvrant en creux l'infinité des variations possibles sur ses vers. C'est pareil avec le mot « animaux », à un problème près : contrairement au temps ou aux voyelles, ils ne sont pas abstraits, eux. Pourtant, nous avons été éduqués à les perdre de vue. Ils deviennent des nombres, des espèces, des ingrédients. Comme pour tout ce qui est abstrait, nous nous en tenons à des logiciels installés depuis l'enfance, une enfance qui remonte le plus souvent à quelques décennies, au cours desquelles l'éthologie cognitive a eu le temps d'avancer à pas de géants. Comment réincarner les animaux ? Comment, enfin, nous remettre d'accord ; quel outil, dans notre poche ou ailleurs, saurait accomplir ce miracle ?

A-ni-maux : ces trois petits sons produits par notre larynx, notre langue et nos lèvres n'évoquent pas la même chose selon l'âge, la nationalité, le régime alimentaire. Vous-même, à quoi pensez-vous ? Animaux de ferme d'un côté, animaux d'Afrique de l'autre ? Un dauphin souriant, quelques animaux de compagnie (chat, chien, cochon d'Inde...) ? Ces images n'empêchent pas de mener une vie adulte épanouie, tout comme je survis malgré ma nullité chronique dans le domaine des mathématiques. Elles ne sont cependant ni inoffensives ni inactives ; comme les mathématiques, elles façonnent nos civilisations et alimentent les discours à la base du monde contemporain, ce monde dont nous savons qu'il court à sa perte, tiraillé entre inondations printanières, étés caniculaires, automnes et hivers insensés, sans oublier l'extinction accélérée de tout ce qui n'est pas, ou pas assez, humain. C'est l'image que nous nous faisons des animaux qui a autorisé tout cela ; ça ne peut pas être la bonne.

Aujourd'hui, l'autre qu'est l'animal existe à grand-peine dans la périphérie de notre écrasant « je suis ». Un préalable s'impose donc, inscrit au frontispice de cet ouvrage : abandonnons la position surplombante de la créature capable de composer des livres ! L'urgence, c'est de nous décaler, d'allègrement jeter par la fenêtre ce qui fait de nous les petits soldats de la grande invasion du monde baptisée « anthropocène », cette nouvelle ère géologique qui a vu nos besognes modifier le climat.

« Je est un autre », écrivit Rimbaud, poète de l'holocène tardif, contemporain des premiers pas de l'ère industrielle. Ce n'est pas suffisant ! L'extinction des loups et des baleines franches était bien amorcée, mais nous n'avions pas encore touché à la température du globe, ni rempli les océans de plastique. Dans l'Éthiopie de Rimbaud reconverti en marchand d'armes, les clans de hyènes étaient plus nombreux qu'aujourd'hui. Auteur prudent des débuts de l'anthropocène, je préfère ainsi – indifférent à ce que « je suis », humain, métaphysique ou vorace – « je est un animal ». Et pas grand-chose d'autre. Dire « je » n'a rien d'incroyablement humain. Vous tenez entre vos mains le livre d'un être partageant votre manière de communiquer, voilà tout. Cela fait certes de moi un « animal humain », comme il existe des « animaux non humains » ou, second surnom officieux (et rappel que nous ne sommes pas seuls dans l'univers), des « animaux extra-humains ». J'emploierai ces termes à l'envi tout au long de ces pages. Ils nous rappelleront, surtout, que l'ensemble de chair et de neurones qui lui permet de penser fait de l'auteur de ces lignes un animal avant tout.

Ces chevreuils sous la pluie, ces corbeaux, ce chien et ce chat endormis ne correspondent pas à l'idée que nous nous faisons d'animaux enfermés, pourtant ils le sont tous, de la même manière. De la drosophile au bélouga en passant par les coquillages ou les animaux de compagnie, nous avons cousu autour de ces espèces des voiles nous empêchant de les voir, de les regarder, de les rencontrer vraiment. Cette séparation est le fruit de notre imagination, de notre insatiable tendance à conceptualiser, à verbaliser, à mettre à distance, depuis des siècles et des siècles. Ces voiles nous font croire à la nuit animale, et nous en déduisons volontiers que ce qui est animal est incompréhensible, comme si la frontière entre les espèces cachait un mystère aussi profond que celui de l'au-delà. Ils sont pourtant bien vivants, comme nous. Pourtant, même convaincus de cela, nous finissons parfois par en douter. Combien de fois me suis-je rendu complice de ce que je prétendais combattre ? Combien de fois ai-je moi-même dit « l'animal, cet autre que je ne comprendrai jamais » ? Ce tic de langage, comme tant d'autres, je l'arrache et le jette. J'appartiens au règne animal comme le citoyen d'un continent sans frontières, où les capacités cognitives transitent librement depuis des centaines de milliers de millénaires. À nous d'intégrer ce flux, de voyager plus ou moins clandestinement d'une conscience à une autre. Face à l'animal qui nous regarde, n'arrêtons pas le mouvement de notre pensée à la barrière de son regard. Entrer dans la tête des animaux demande de l'imagination, mais en reconnaissant en eux ce qui est aussi en nous, en empruntant l'anthropomorphisme comme une passerelle, nous arpenterons des mondes intérieurs pas si différents des nôtres, et moins éloignés de la réalité que la posture consistant à les observer de loin et à doctement conjecturer.

Cette personne qui refuse de manger la viande qu'on lui a servie se désolidarise des bêtes carnivores, pas de l'animalité qui la fonde. Elle est certes plus proche de l'agneau que du lion, mais animale, toujours. Animale et empathique. Nous n'avons pas le monopole de la clémence, et l'on a vu des carnivores laisser filer leur proie, partager leur prise, voire adopter des petits qui n'étaient pas les leurs. Ce n'est pas le récit que nous connaissons, trop enclins que nous sommes à fantasmer une nature violente et égoïste, puis à nous en servir pour justifier nos agapes carnées. De telles anecdotes fleurissent pourtant aux quatre coins du monde, pour peu que l'on accepte de s'y intéresser. « Tout ça, c'est de l'anthropomorphisme », lui lance-t-on finalement lorsqu'elle quitte la table. L'anthropomorphisme consiste à transformer les choses en humains. En tant que tel, il nous éloigne de la réalité de ces choses, transformées en créations poétiques ou mythiques. Dès lors que nous ne considérons plus les animaux comme des choses, l'anthropomorphisme n'est plus une erreur, mais une métamorphose nécessaire à la traduction de leurs vies, à leur compréhension. Nous devons nous changer en animaux et, du même geste, changer les animaux en humains. Nul besoin de nous prendre pour le docteur Moreau : la chrysalide ne fera pas d'eux des monstres, simplement ce qu'ils sont, c'est-à-dire des personnes comme nous, qu'il nous incombe de regarder en face, et non de prendre de haut. Nous honorons les traditions, mangeons de la viande, respectons le temps des études scientifiques… mais les bêtes se moquent des mythes, détestent les abattoirs et n'ont pas besoin d'être étudiées pour savoir ce qu'elles sont. Délestés de la mystification des anciens, de la culpabilité des carnivores ou de la prudence des scientifiques, nous découvrirons ainsi ce qui demeure en nous de conditionnements contre-productifs, issus de notre paramétrage culturel par défaut. Ce paramétrage porte un nom depuis un demi-siècle, le « spécisme », qui discrimine les êtres sur le seul critère de leur espèce. Ce dernier légitime nos manières d'être cruels et de traiter si différemment des êtres qui nous et se ressemblent tant. En son nom, nous nous autorisons à douter de leur intelligence, à remplir les supermarchés de leur chair, à couper leurs forêts ou à piller leurs océans, dont nous prétendons qu'ils ne sont à personne tant qu'aucun d'entre nous ne les a réclamés.

Si le spécisme a la dent dure, c'est qu'il a appris à se camoufler pour survivre. Il se donne l'air respectable des chamanes et des philosophes, des éleveurs, des écologistes et des millions de précautions oratoires que nous employons pour approcher la conscience animale à pas de loup, comme s'il ne fallait surtout pas la réveiller sous peine d'affronter son implacable réalité. Il faudrait alors changer tellement de choses ! Nos travaux, forces géologiques, seraient mis à l'épreuve au nom des animaux. Par conséquent, l'intuition de ceux qui vivent auprès des animaux, qui les connaissent et qui les comprennent reste marginale ; les précautions restent la norme, et les animaux restent ces autres, insondables, insaisissables. Perdons cette habitude que nous avons d'employer le mot « mystérieux » en entendant le mot « animal ». Si nous voulons les rencontrer, c'est-à-dire vraiment occuper au même moment le même coin du monde qu'eux, nous devons marier ce que nous savons depuis l'enfance et ce que l'éthologie, vénérable tortue, découvre chaque jour. Deuil des éléphants, mémoire des poissons, conscience des fourmis... Bien des humains n'ont pas attendu la science pour considérer les animaux comme leurs semblables ou leur famille. Identifions-nous, sans l'ombre d'un doute philosophique, aux animaux. Ce faisant, nous nous retrouverons nous-mêmes. En chemin, nous les rencontrerons, eux, individus proches de ceux que nous sommes. Ni plus ni moins mystérieux. Fascinants en tant que tels. Nous pouvons sortir les jumelles et apercevoir les chevreuils à travers les fenêtres. Nous pouvons nous asseoir sur le canapé et caresser nos compagnons. Nous pouvons manger de la viande et tancer les véganes. Rien de tout cela ne nous rapprochera autant des animaux que de nous débarrasser des hésitations spécistes qui nous collent au cerveau, et nous laissent penser que ceux que nous observons, caressons, dévorons sont finalement assez différents de nous.

1.
TROIS SÉSAMES

On parle beaucoup de l'intelligence des corvidés, mais les canards n'ont rien à leur envier : les manifestations de la leur sont juste moins spectaculaires. À Cambridge, les pies sautillantes se posent par couples dans l'herbe des collèges et regardent passer les portées de canetons sprintant derrière leur mère. Celle-ci les compte. Ils occupent son esprit en permanence, de même que leurs piaillements à nuls autres pareils, qu'elle saurait reconnaître au milieu de n'importe quel boucan. Les pies ne sont pas forcément admiratives de cela ; nous pouvons l'être à leur place. Ce soir, Stephen Hawking, sur son fauteuil, passe devant les oisillons éberlués, surveillés par leur mère. Nous sommes le 7 juillet 2012, et le célèbre astrophysicien quitte un cycle de conférences sur la conscience animale. À son terme, trois neuroscientifiques ont promulgué la « Déclaration de Cambridge sur la conscience ». Après avoir rejoint son hôtel, Stephen Hawking, qui n'est pas du genre à mettre son nom en bas de n'importe quelle pétition, y apposera sa signature également.

Je est un perroquet gris du Gabon capable de compter jusqu'à six

Entre autres cosignataires se trouve Irene Pepperberg. En juillet 2012, Alex, un perroquet gris à qui elle avait enseigné une centaine de mots anglais, ainsi qu'à compter jusqu'à six, était mort depuis cinq ans, tout juste trentenaire. Il appartenait à une espèce qu'il est encore légal, aujourd'hui, d'enfermer dans des cages et d'exhiber en animalerie. Face aux murs d'aquariums et aux parterres de hamsters et de lapins nains, on trouve encore en France, derrière les barreaux, des perruches inséparables à quinze euros, des canaris à vingt-cinq et des perroquets gris du Gabon autour de mille euros. Près du prix, un écriteau indique « Ne pas glisser les doigts dans la cage ». Risque de morsure. Rien d'autre. Alors, oui, Irene Pepperberg signe la Déclaration de Cambridge sur la conscience, ayant été témoin de celle d'un oiseau pendant trois décennies. Voici le texte complet :

> L'absence de néocortex ne semble pas empêcher un organisme d'éprouver des états affectifs. Des données convergentes indiquent que les animaux non humains possèdent les substrats neuroanatomiques, neurochimiques et neurophysiologiques des états conscients, ainsi que la capacité de se livrer à des comportements intentionnels. Par conséquent, la force des preuves nous amène à conclure que les humains ne sont pas seuls à posséder les substrats neurologiques de la conscience. Des animaux non humains, notamment l'ensemble des mammifères et des oiseaux, ainsi que de nombreuses autres espèces, telles que les pieuvres, possèdent également ces substrats neurologiques.

Le néocortex est la couche externe du cerveau où, chez les mammifères et les oiseaux, se joue le gros de la conscience. En 2012, sa mention laissait ouverte la possibilité que les poissons, les amphibiens, les reptiles et les insectes soient conscients aussi, même dénués dudit néocortex… C'est ce que la Déclaration de New York viendra confirmer douze ans plus tard, nous épargnant d'avoir encore à feindre de douter pour nous donner l'air humble. Le 19 avril 2024, Irene Pepperberg figurait ainsi parmi les signataires de la Déclaration de New York, qui étendait la reconnaissance d'« au minimum une possibilité réaliste » de conscience à l'ensemble des vertébrés (reptiles et poissons compris) et aux insectes, tout en réaffirmant le recours à la conscience pour désigner les états mentaux des animaux. Les céphalopodes (pieuvres, calmars, seiches), déjà mentionnés en 2012, étaient toujours concernés, cela va sans dire.

Si la Déclaration de New York a le mérite de reconnaître qu'une part gigantesque du règne animal partage avec nous le royaume de la conscience (l'intégralité des poissons et des insectes, quand même !), c'est celle de Cambridge qui marqua le moment crucial du changement de paradigme. Elle autorisait, voire encourageait, à parler de conscience pour désigner les états mentaux des animaux, et non plus seulement de « sentience », sorte de conscience a minima, mot employé jusqu'alors pour désigner la capacité de se percevoir comme sujet de sa propre vie. De telles déclarations sont des sésames. Elles nous ouvrent la porte d'un chemin que nous n'osions pas emprunter. Elles nous autorisent à nous dire : les animaux sont comme nous. Elles nous autorisent à les approcher, sinon physiquement, du moins en esprit. Tous. Même les plus improbables.

Je est une fourmi champignonniste capable de jardiner

Dans les pelouses et les parcs de Cambridge, d'autres consciences que celles des doctorants, des pies et des canards profitent du soleil. Des animaux vieux comme les dinosaures vaquent à leurs occupations : les fourmis. Du point de vue des oiseaux en vol, elles sont comme des humains en miniature. Agitées en permanence, allant et venant trop vite pour que puisse émaner la moindre cohérence. Toutes semblables, et pourtant capables de se reconnaître, s'arrêtant brièvement pour se saluer d'un échange de phéromones ou d'un contact d'antennes, comme les doctorants s'échangent quelques sons ou une poignée de main.

Nous avons longtemps cru devoir temporiser notre perception de l'intelligence des insectes, parler de ganglions cérébroïdes plutôt que de cerveau. C'est juste qu'il nous manquait les outils pour zoomer. Bienvenue dans la jungle du réel : le cerveau des fourmis est constitué d'un hémisphère droit et d'un hémisphère gauche, chacun composé d'aires cérébrales distinctes. Ce ne sont pas les neurones indépendants d'un super-organisme que serait la fourmilière, non : lorsqu'elle perçoit son environnement, chaque fourmi en pense quelque chose. Elle n'en pense peut-être pas grand-chose, elle n'en pense peut-être pas autant que Stephen Hawking, mais ses pensées lui appartiennent à elle, petit être de chitine et d'oxygène. Non, toutes les consciences ne sont pas les mêmes, ni toutes aussi complexes. La Déclaration de Cambridge et celle de New York sont claires sur ce point. Nous ne nous mettrons pas à laisser proliférer les drosophiles dans notre cuisine ou à nourrir les moustiques en leur tendant les bras, comme l'ont préconisé certains humoristes satiriques, mais si nous nous retrouvons sur une île déserte avec un cochon, un singe ou un iguane, nous ne pourrons plus résoudre le problème du cannibalisme aussi expéditivement qu'avant. Ce qui compte, c'est de nous habituer à ces pas en avant, de les garder en mémoire et de nous demander comment nous pourrions, raisonnablement, faire en sorte que ces nouveaux horizons neuroscientifiques enrichissent notre expérience du monde et de la fréquentation des bêtes.

Au fil des décennies qui s'annoncent, je vous en donne ma parole, toutes les études concernant la cognition des insectes nous conforteront dans ce choix de parler de conscience chez eux aussi. Les abeilles ne nous le diront jamais, mais elles apprécieront de nous voir admettre que ce n'est pas par l'action du Saint-Esprit qu'elles retrouvent le chemin de leur ruche et indiquent à leurs semblables où se situent les fleurs, mais bien parce qu'elles y réfléchissent. De l'autre côté de l'océan Atlantique, les fourmis du genre *Atta* ne se contentent pas de découper des feuilles et de les transporter, elles sont capables de cultiver des bactéries comme nous cultivons des plantes. Ces bactéries font office d'antibiotiques contre des champignons parasites. « Jardinent-elles consciemment ou non ? », vous demandez-vous d'office, fermement ancré dans les années 2020, avant de comprendre que cette question est ridicule, a fortiori depuis la Déclaration de New York.

De Cambridge au Chiapas, non seulement les animaux savent qu'ils existent, non seulement ils peuvent souffrir, mais ils savent que leurs semblables souffrent et ils sont capables de se souvenir des manières d'atténuer la douleur ! Le champ d'études consacré à l'automédication animale porte d'ores et déjà un nom : la zoopharmacognosie. On en a découvert des exemples chez les grands singes et les moutons ; on en découvrira probablement beaucoup d'autres à l'avenir. Tandis qu'Irene Pepperberg signait la Déclaration de New York, sur l'île de Sumatra, un orang-outan parvenait à guérir d'une plaie au visage en y appliquant le jus d'une liane en guise de pansement. Autant dire que d'autres déclarations suivront. En attendant, lors d'un voyage au Mexique où l'on vous proposera des tacos aux fourmis, gardez cela en mémoire. Non seulement les animaux sont conscients, mais ils sont absolument géniaux. Cela, nous osons à peine le dire, bien que tout nous y incite, y compris les domaines les plus sérieux : science, philosophie, droit. Les sésames nous autorisant à cheminer vers eux sont de plus en plus nombreux, chacun répétant à sa manière, dans son domaine, « les animaux ne sont pas ce que nous pensions ». Dites qu'ils sont conscients, répétez-le à tout le monde : vous en avez le droit.

Je est un orang-outan capable de soigner ses plaies

Aux yeux de l'orang-outan de Sumatra ayant su guérir de sa plaie, la Déclaration de Cambridge, comme celle de New York, ne vaut pas beaucoup mieux que l'arrivée de Christophe

Colomb aux Bahamas, tout fier d'avoir « découvert » un nouveau monde. Je est une fourmi, je est un orang-outan : plus que jamais, j'ai besoin que le droit humain me défende. La Déclaration de Toulon, proclamée sept ans après celle de Cambridge, émana d'un trio de juristes au terme d'un colloque consacré à la personnalité juridique des animaux. Elle date du 29 mars 2019 et s'appuie sur la Déclaration de Cambridge : puisque les animaux ont une conscience, la loi doit évoluer. Le texte est un peu plus détaillé ; en substance, voici ce qu'il dit :

> Nous, universitaires juristes, déclarons que les animaux doivent être considérés de manière universelle comme des personnes et non des choses. Qu'il est urgent de mettre définitivement fin au règne de la réification. Que les connaissances actuelles imposent un nouveau regard juridique sur l'animal. Qu'en conséquence, la qualité de personne, au sens juridique, doit être reconnue aux animaux.

À l'instant où ces phrases furent promulguées, au large de Toulon, un clan de cachalots dormait en apnée, s'effleurant du crâne en lentes caresses subaquatiques. Les juvéniles alternaient entre les mamelles de leur nourrice et celles de leur mère. Les mâles partaient en exploration de la Méditerranée et revenaient voir leur clan, s'adressant à eux par séries de clics que nous commençons tout juste à écouter (ne parlons même pas de les comprendre). À l'instant où les humains envisageaient la possibilité de protéger les individus non humains comme tout le monde, un cachalot utilisait son sonar pour écouter les battements de cœur de sa famille. Les termes sont forts, et méritent de l'être. Les humains sont têtus, et tiennent à leurs privilèges, aussi cruels soient-ils. Si nous voulons faire bouger les lignes, il faut y aller franchement. Les animaux devraient être reconnus « de manière universelle », c'est-à-dire de l'Alaska à la Nouvelle-Zélande, du cap Sicié au Kenya, « comme des personnes » ! Et nous qui pensions encore, pas plus tard qu'hier, devoir louvoyer, parler de sentience ou mettre en avant la sensibilité des bêtes : quelle perte de temps !

Nous pouvons défendre les animaux en termes simples : ce sont des personnes conscientes. Avec tout ce que nous mettons derrière le mot « personne » et derrière le mot « conscientes ». Nous gagnerons plus de temps à retirer ce que nous avons imaginé de trop qu'à ajouter à des mots trop faibles tout ce qui leur manque pour effleurer la singularité du réel. Nous n'aurons pas forcément la chance d'approcher le clan de cachalots sédentaires au large de Toulon, mais nous en aurons, au moins, approché la réalité.

Je est un narval adopté par un clan de bélougas

Dix ans ont passé depuis Cambridge, trois depuis Toulon : nous sommes le 4 octobre 2022, de l'autre côté de la pandémie de covid et sur l'autre rive de l'Atlantique à nouveau. À Montréal, une nouvelle déclaration tire les conséquences non pas juridiques, mais éthiques, des conclusions scientifiques de Cambridge. Pas de colloque préalable, juste une volonté de se mettre d'accord sur les implications liées à la reconsidération de ces personnes non humaines avec qui nous partageons une existence consciente.

Nous sommes des chercheurs et des chercheuses en philosophie morale et politique. Nos travaux s'inscrivent dans des traditions philosophiques diverses et nous sommes rarement tous du même avis. Nous nous accordons toutefois quant à la nécessité de transformer en profondeur nos relations avec les autres animaux. Nous condamnons l'ensemble des pratiques qui supposent de traiter les animaux comme des choses ou des marchandises. Dans la mesure où l'exploitation animale implique des violences et des dommages non nécessaires, nous déclarons qu'elle est injuste et moralement indéfendable. Ces quelques mots concernent avant tout les animaux exploités, le bétail, dont nous avons couvert ce « Nouveau Monde » auquel nous associons encore, romantiquement, l'idée de vastes espaces riches en mégafaune. Comme partout ailleurs, l'oiseau le plus répandu au Canada est le poulet ; comme partout ailleurs, la plus grande masse d'animaux terrestres y est celle des vaches, et non celle des castors ou des grands orignaux. Pourtant, à sa manière, ce texte parle aussi des bélougas. Ceux-là mêmes que l'on voit dans les documentaires, oui.

Le jour où la Déclaration de Montréal fut promulguée, un clan de bélougas ayant adopté un narval passait dans les eaux du fleuve Saint-Laurent, 500 kilomètres au nord des ordinateurs qui permirent aux autrices de diffuser leur texte. Ce narval avait appris à communiquer avec les bélougas, y compris les femelles ; alors âgé d'environ douze ans, il atteignait la maturité sexuelle, qui lui permettrait bientôt de s'accoupler. Les animaux ne réfléchissent pas en espèces, comme nous ; ils ne se posent pas la question de leur identité. Un hybride est dès lors envisageable, un « narluga », dont nous ne connaissions la possibilité jusqu'à présent que grâce au crâne d'un étrange cétacé à défense tué par un Inuk dans les années 1980. Il est impératif de réserver un meilleur sort à l'hybride à venir, celui des années 2020. Grâce à Cambridge, grâce à Toulon, grâce à Montréal, grâce à tout notre outillage d'animaux conceptuels, nous devrions pouvoir le protéger.

2.
INTERSECTIONS POLITIQUES

Si les 550 signataires de la Déclaration de Montréal avaient été rois et reines de 550 pays, nul doute que l'industrie de la viande, redoutable complexe animalo-industriel, aurait pris du plomb dans l'aile à l'automne 2022. Tel est le lot de ces déclarations, précieux sésames dont le rôle n'est que de nous guider, hors des foules et des peuples, nous qui cherchons à connaître l'esprit des bêtes par l'intérieur : elles émanent de bulles universitaires, aussi éloignées de la vie quotidienne des humains que de celles des animaux. Rien n'est jamais acquis à l'homme, son humanité moins encore que le reste. Nos progrès scientifiques, comme nos avancées morales, sont mortels. Ce sont des chênes millénaires qu'un coup de tronçonneuse pourra toujours abattre. Si nous n'entretenons pas le savoir, n'attisons pas la bonté, nous retomberons dans la tourmente en une fraction d'existence, emportant avec nous l'ensemble de la faune. Ce rôle de sauvegarde civilisationnelle appartient au domaine politique, et il est temps que d'autres espèces rejoignent notre jardin à leur tour. Tandis que les cétacés, les gnous et les oiseaux migrent, que les louveteaux et les grenouilles se chamaillent, que les chèvres, comme des chats, escaladent tout ce qu'elles peuvent, à quoi s'occupent les humains, maîtres et possesseurs de leurs destins à tous ?

Je est un blaireau tétanisé de peur

Au Portugal, en Allemagne, aux Pays-Bas, en France, des partis politiques dédiés aux animaux ont vu le jour. De la même manière qu'au début du XXIe siècle, les partis écologistes furent la force de traction qui contraignit les autres partis à se positionner sur la question de la protection de l'environnement. Les nouveaux partis animalistes jouent la même carte, à cela près que, cette fois, l'objectif est concret : faire des animaux des citoyens aussi. Des citoyens mineurs, des gens qui ne votent pas, et pourtant une foule qui mérite des droits. Opposés au spécisme, ces partis sont antispécistes – même si, s'adressant au plus grand nombre, la plupart d'entre eux s'épargnent le recours à ce terme. Peu importe. Les animaux se fichent des étiquettes. En France, il y a urgence : il est encore permis d'arracher à leur logis les blaireaux, paisibles animaux, au moyen de pinces métalliques. Les hommes profitant de cette béance dans les lois, censées juguler le sadisme, civiliser les peuples, comptent parmi les plus cruels que notre droit tolère. L'on ne peut rien, légalement, contre l'auteur de sévices commis sur l'un de ces animaux.

Je est un blaireau, l'un des rares mammifères monogames. Je partage mon terrier avec le partenaire que je me suis choisi, ainsi que les petits que nous élevons ensemble. Actif la nuit, assoupi le jour, je suis réveillé par les aboiements d'une meute de chiens, une meute de chiens légale, et je ne sais plus rien d'autre que ma terreur. Ces chiens saisissent mes petits devant moi, qui ne peux rien pour eux, et j'écoute leurs cris tandis qu'ils finissent déchirés par des coups de mâchoire, des coups de mâchoire légaux. Je reste au fond de ma tanière, j'espère que c'est fini, mais les chasseurs creusent et des pinces m'étranglent. Je reçois des coups de couteau, et ces coups de couteau sont légaux.

Dans les hémicycles où s'écrivent les lois, rares sont les humains qui acceptent de telles tortures, mais la plupart se taisent, ou attendent. Il y a plus grave, toujours plus grave, que ce que l'on inflige aux habitants des bois. Des humains souffrent, femmes, enfants, réfugiés. À la fin du XXe siècle, les partis écologistes ont amené le souci de la planète au centre du tableau, réclamant une autre protection pour les espèces sauvages, suggérant une nouvelle forme de priorité.

Aujourd'hui, les partis animalistes musclent ces revendications, réclamant une autre protection pour les individus sauvages. À leur tour d'être force de traction et d'amener les autres, tous bords confondus, à se positionner sur la question animale, et pas seulement environnementale. Les blaireaux ne le savent pas, mais ils n'attendent que ça. Depuis 2016 et la naissance du Parti animaliste, une loi contre la maltraitance animale est passée, portée par un député de centre-droit, et un colloque sur la corrélation entre violences sur les personnes vulnérables et violences sur les animaux a été organisé par un député de droite. En un mot, il ne reste guère que l'extrême droite pour se vanter encore de pratiquer la chasse ou la corrida, sans toucher à un poil de l'agrobusiness.

Parti des écosystèmes, le souci politique s'est resserré sur les êtres conscients. Comme s'il avait suffi de vingt ans pour admettre qu'au lieu d'éviter la chute il ne nous reste plus qu'à préserver les miettes : les êtres vivotant dans notre empire en ruine. Animalistes, écologistes, de plus en plus de militantes et de militants renoncent ainsi à manger des animaux, même s'il ne s'agit pas d'espèces en danger. Leurs raisons sont environnementales aussi bien que morales : les abattoirs polluent et ce sont des lieux injustes. Il y a fort à parier qu'à la mi-temps du siècle les écologistes seront majoritairement végétariens, ou véganes. Espérons qu'ils seront aussi antispécistes. En effet, quelle écologie peut exister dans un monde où l'on ne voit plus les étoiles la nuit ? Quand nous nous étonnons de croiser des animaux sauvages là où ceux-ci représentaient la norme il y a deux siècles à peine ? Certainement pas une écologie handicapée par le carnivorisme, qui hésite à retirer aux humains le pouvoir qu'ils ont usurpé sur la vache et sur le cheval. Défendre l'élevage – et donc les abattoirs –, même au nom de considérations liées à la qualité de vie des travailleurs et des travailleuses, est impensable chez quiconque garde en tête que les animaux sont des êtres conscients. Ce n'est pas une question de pureté, mais de sincérité. L'antispécisme peut s'armer de patience, il peut prendre en compte le principe de réalité et prôner la disparition des élevages intensifs d'abord, mais défendre activement l'exploitation animale, même au nom de considérations humanistes, est une impossibilité.

Ce blaireau martyrisé pourrait être un renard, une martre ou un sanglier, autant d'animaux qui se moquent éperdument du bord politique de leurs défenseurs. Cette fédération animaliste, transcendant les catégories sociales, avait été annoncée, mais on pensa longtemps qu'elle serait une classe écologiste, soucieuse de la survie de l'humain sur la planète Terre, cette dernière ne se préoccupant guère non plus du positionnement de ses habitants sur l'échiquier politique. Que dit ce glissement de l'écologie à l'animalisme ? Qu'il y a vingt ans nous espérions sauver la planète. Aujourd'hui, les blaireaux. L'objectif est plus humble. Nous avions besoin d'optimisme ; nous l'avons retrouvé en replaçant le combat à hauteur d'animal.

Je est un héron des villes

L'immense mafia spéciste, des promoteurs de l'élevage intensif aux chasseurs à l'arc, des toréadors aux marchands de foie gras, ne distingue pas la couleur de ses ennemis. Elle charge. Je est une oie gavée. Un ragondin mutilé. Un taureau perforé, qui pensait venir jouer. Ses adversaires se fédèrent : si, il y a vingt-cinq ans, les écologistes réclamaient moins de jours de chasse, ils militent désormais pour que ceux-ci deviennent l'exception, rejoignant par là les militants animalistes, pour qui la chasse doit être interdite, tout comme les combats de gladiateurs ou les sacrifices humains : on ne s'amuse pas du martyre des plus faibles. Comment tergiverser là-dessus ? On le voit, l'écologie s'animalise, lentement. Les militants s'assemblent, réfléchissent, s'ouvrent aux positions animalistes. La sentience devient aussi importante que la biodiversité. La Déclaration de Toulon résonne dans les circulaires intérieures et les commentaires sur les réseaux sociaux. Les animaux s'éloignent de leur condition de choses ou d'ensembles, et deviennent des personnes. Le choix du mot « sentience » est cependant stratégique, timide ; les animaux sont conscients, mais il ne faut pas s'aliéner trop vite les éleveurs. Au début des années 2020, tandis que des mammifères monogames voyaient leurs familles détruites par des primates sanguinaires en treillis, l'heure était encore aux compromis, aux alliances, à toutes sortes de prudences. Les animalistes, de leur côté, ouvraient ainsi leur programme à l'environnementalisme, tout en se méfiant de ce terme-là.

Par souci de l'environnement, il arrive que nous nous fourvoyions, que ce qui semble respectueux soit empoisonné. Les vaches invitées à paître sur les terres communales des villes apprécieraient sans doute l'herbe fraîche du coin, mais que diraient-elles de faire, malgré elles, la promotion de l'élevage, qui les mène à la mort ? Que diraient les abeilles, fabriquées à la chaîne pour produire du miel, si elles savaient qu'elles s'approprient le butin des pollinisatrices sauvages pour le bénéfice des humains ? Et que diraient les chiens, privés d'espaces publics, devant les écureuils libres d'aller et venir ?

On a tendance à considérer les chardonnerets et les hérons comme une partie de notre environnement. Pourtant, si je me tiens debout entre un chardonneret et un héron, ce qui m'environne moi les environne aussi. C'est cet environnement-là qu'il faut défendre : le leur, et le mien. Lorsque nous arpentons les villes, nous nous retrouvons plus souvent que de coutume à mi-chemin d'un chardonneret et d'un héron ; nous ne nous en rendons simplement pas compte. Ces animaux citadins ont besoin que l'on s'occupe d'eux comme d'autant de voisins, non d'intrus. Ainsi, peu à peu, les écologistes intègrent à leurs réflexions le monde intérieur des animaux, tandis que les animalistes s'ouvrent à la protection de leurs milieux, qui sont aussi les nôtres. Deux stratégies se croisent ; elles fusionneront bientôt. Avec un objectif unifiant nos expériences, intérieures comme extérieures : partager le monde avec ceux qui peuvent en jouir comme nous.

Je est un martinet épargné

Nous sommes en 2050. Si nous légiférons contre les pesticides, c'est au nom des insectes autant que des riverains, qui attrapent le cancer. Si nous légiférons contre les énergies carbonées, c'est pour éviter aux Bordelais de mourir d'insolation en traversant la place des Quinconces au milieu du mois de juin, mais pour l'éviter aussi aux moineaux, aux tourterelles, aux rats. Et si l'on condamne les pollueurs, c'est au nom des cormorans mazoutés autant que des humains, que les marées noires désespèrent, dégoûtent et rendent malades.

Je est une grue cendrée. Née en 2025 j'ai atteint, en 2050, un âge vénérable, qui fait de moi la plus expérimentée du groupe, la pointe du V, celle qui guide les plus jeunes dans le trajet de la Scandinavie à l'Espagne en passant par la Marne. Je garde le souvenir d'années, dans ma jeunesse, où nous nous perdions souvent. Les antennes 5G perturbaient notre sensation du magnétisme terrestre : notre boussole était sens dessus dessous. Au sol, d'autres animaux électrosensibles souffraient aussi de cette pollution invisible : rats, chauves-souris, oiseaux non migrateurs aussi. Les humains avaient appris à garder leur lumière pour eux, à diriger les réverbères vers le sol, voire à les éteindre la nuit, épargnant à d'innombrables espèces l'illusion d'un jour perpétuel et maudit, et c'était un progrès par rapport à la génération de mes parents ; mais les ondes, elles, rendaient folles. Et les lois ont changé.

Je est un martinet né en 2035. En 2050, ma descendance est assurée, et j'ai perdu depuis longtemps le décompte de mes couvées. Je garde le souvenir d'une époque où les champs d'éoliennes manquèrent de nous conduire au bord de l'extinction. C'était l'époque où l'on s'interrogeait encore sur la fiabilité des arguments animalistes, où l'on se demandait s'il ne valait pas mieux se fier à l'écologie, qui préconisait de développer les énergies renouvelables.
Nous mourrions par milliers, percutés par les pales. Les individus d'autres espèces aussi succombaient : ceux qui, comme nous, avaient les yeux de chaque côté du crâne ne regardaient pas forcément devant eux ; ceux qui, comme les oiseaux de proie, avaient les yeux côte à côte regardaient plutôt vers le sol, en quête de leur repas. Et puis, les humains se sont mis à enduire les éoliennes de noir, à raison d'une pale sur trois. Elles devinrent plus visibles. Nous apprîmes à les éviter.

Il est plus difficile de cerner ce qui rendra heureux les poissons du futur. Les poissons peuvent être heureux, c'est une certitude ; les poulpes, les cétacés et les crevettes aussi. Certes, à des degrés divers, en fonction de leurs aptitudes à se souvenir de ce qu'est le bonheur, mais, connaissant l'existence du plaisir chez les peuples subaquatiques (ayant étudié, trop longtemps, tout ce qui les faisait souffrir), indubitablement. Or, si les champs d'éoliennes offshore peuvent nuire aux cétacés, ils créent de facto des zones d'interdiction de pêche, des aires marines protégées qui ne disent pas leur nom. Les plates-formes pétrolières, tant qu'elles ne se mettent pas à vomir dans les mers leur bile étouffante et noire, offrirent elles aussi des récifs artificiels très appréciés, à l'écart des chalutiers.

Je est un grand dauphin d'Écosse, adulte en 2025. J'ai grandi autour des plates-formes hors d'usage s'élevant dans le Cromarty Firth, et je chasse près de Chanonry Point, dans le Moray Firth voisin. Je me suis habitué à cet univers terraformé par les humains, que je croise souvent, sur la plage, prêts à me photographier au moment où j'ingurgite un saumon. Et je suis heureux comme cela.

2025, c'est déjà le futur. Depuis des générations, les animaux se sont habitués à nos lubies absurdes, mais certaines traditions continuent de leur nuire, et il importe que les animalistes ne soient plus seuls à porter la voix des autres habitants. Les 14-Juillet pétaradants séduisent encore les élus de tous bords, de gauche comme de droite, alors qui pour entendre que les oiseaux préféreraient, de loin, des spectacles de drones ? Comment nous défaire du plaisir des explosions célestes offertes par les fusées ? Qui pour entendre enfin, à gauche comme à droite, que les violences qu'il importe de combattre ne sont pas seulement économiques, mais bel et bien concrètes, et que ces violences sont indissociables de la production de viande ? Manger sain, bio, local est une chose ; c'est une chose humaine. S'occuper des animaux, les rencontrer, les voir et leur rendre des morceaux du monde, c'est aussi se satisfaire de repas équilibrés, mais végétaux. Ils requièrent moins de terre, moins d'eau ; moins de métal, aussi, car les abattoirs ne sont pas en bois, et les bétaillères non plus.

Il y eut, à l'approche des élections de la première moitié du XXIe siècle, des moments où l'on craignit qu'écologie et animalisme n'avancent pas de concert. La reconfiguration du paysage politique aidant, gauche et droite se réorganisèrent autour du souci de la défense des êtres conscients, redessinant un clivage entre ceux qui souhaitaient défendre les humains seulement et ceux dont la vision embrassait d'autres espèces aussi. Le suprémacisme humain, vu comme un extrémisme, regagna la marge dont il n'aurait jamais dû sortir. C'est à ce moment-là, à la croisée des inquiétudes, que d'audacieuses politiques furent mises en place dans le monde et que les animaux reprirent espoir.

3.
JE PENSE, DONC JE EST

Un jour, à Strasbourg, au Parlement européen, des lois animalistes seront composées, votées, puis diffusées sur tout un continent, dont elles protégeront enfin tous les habitants. En attendant, sur les cheminées des bâtisses du parc de l'Orangerie et de ses alentours, les cigognes préparent leur nid. Je les entends claquer du bec, la tête renversée en arrière. Des anges. Dans l'un de ces bâtiments, un restaurant s'est spécialisé dans la cuisine végétale. Le soleil du printemps continental tape fort, et je trouve refuge sous l'un des parasols. Pain brioché, coleslaw, effiloché de pleurotes et fruit du jacquier, oignons, poivrons, sauce barbecue maison ; accompagné de pommes de terre grillées. Parfait. Je passe commande, et me dirige vers les toilettes. Il est fréquent de trouver, aux murs de tels restaurants, diverses citations de philosophes ou d'artistes. Pythagore, Montaigne, Rousseau, Gandhi… Ici, on les retrouve jusque dans les cabinets, dont je pousse la porte avant de lire du Léon Tolstoï, au-dessus de la chasse d'eau : « Tant qu'il y aura des abattoirs, il y aura aussi des champs de bataille. » Ici, l'aphorisme n'incite pas au débat. La philosophie n'a pas attendu le véganisme pour dénoncer le traitement que l'on réserve aux bêtes, et la violence aveugle où il trouve sa source.

Je est un manchot empereur sous Alexandre le Grand

Si le Parlement européen m'évoque l'avenir, ces citations me replongent dans le passé. Les épiphanies animalistes des auteurs qui sont affichées sur ces murs étaient, en leur temps, minoritaires ; elles le sont encore un peu, peut-être plus pour longtemps. Que penseraient les hommes ayant établi une hiérarchie entre les espèces s'ils avaient accédé aux connaissances éthologiques d'aujourd'hui ? Je peux admettre que les raisonnements d'Aristote ou de Descartes sur la justice, la guerre ou le bonheur n'aient guère changé d'un siècle à l'autre, du fait, justement, de notre appareil cognitif, qui n'a pas changé d'un poil depuis la préhistoire, mais un raisonnement sur les animaux s'appuie nécessairement sur l'état des sciences à leur sujet. Que savait-on, en Europe, ne serait-ce qu'au XIXe siècle, des sociétés d'orques et d'orangs-outans, de fourmis et de perroquets ? L'étude des squelettes commençait à peine : on était loin d'étudier les cerveaux en action.

Pour Aristote, précepteur d'Alexandre le Grand, l'humain était un animal politique. Le concept forgé était le bon ; lesté par l'anthropocentrisme et la croyance que les animaux ne sont pas capables de former des communautés rationnellement organisées, il lui aura manqué deux millénaires et demi pour s'étendre à la réalité. De nombreuses autres espèces sont des animaux politiques aussi : nous connaissons aujourd'hui des sociétés animales soucieuses des plus âgés et des plus vulnérables, orques, hyènes ou lycaons, et les manchots de l'Antarctique se serraient déjà les coudes au IVe siècle avant Jésus-Christ. À Yellowstone, où les peuples humains avaient encore deux mille ans d'indépendance devant eux, les relations politiques entre meutes de loups étaient plus fréquentes et plus complexes que de nos jours. Quant aux fourmis Matabele, dans les forêts d'Afrique subsaharienne, elles prenaient soin de leurs blessées au moyen d'antibiotiques contenus dans leur salive depuis l'époque des dinosaures. Comme Aristote, combien de philosophes auront vu juste, à leur corps défendant, avant que l'éthologie ne les rattrape ?

Les mains lavées, méditant toujours, je regagne ma place où mon burger m'attend. Nourrissant, mais pas au point que je fasse l'impasse sur la forêt-noire végane, spécialité du lieu. La rue est paisible, j'entends encore les cigognes que j'ai croisées en venant et, levant les yeux, aperçois un couple tournoyant dans un thermique à une centaine de mètres du sol.

Un point noir se détache soudain des formes blanches que je contemple. Il grossit, vrombit et s'écrase sur ma table, bourdon étourdi reprenant ses esprits. Comme nous, les insectes ont soif, comme nous, ils ressentent la fatigue. Celui-ci n'a pas l'air d'humeur à redécoller de sitôt. Ma forêt-noire arrive, je demande une deuxième cuiller et prélève, en pressant la génoise, un peu de jus de cerise, que je propose au bourdon. Mon invité extrahumain révèle une langue longue comme une trompe, de la taille de sa tête. Il la plonge dans le sucre que je lui propose. Au même moment, j'avale une première bouchée de gâteau. À cet instant précis, lui et moi partageons une même satisfaction.

Je pense donc je est un gorille

Deuxième cuillerée de forêt-noire. Mon invité hyménoptère continue son festin, lui aussi.

C'est dans la cinquième partie de son *Discours de la méthode,* paru en 1637, que Descartes compare les animaux aux machines et aux automates, d'une manière que je me garderai de répéter ici, sa théorie ayant eu assez d'écho comme cela. En 1637, où en étaient les animaux ? Les rhytines de Steller, grands lamantins de la mer de Behring, avaient encore cent trente et un ans devant elles avant d'être chassées jusqu'à la dernière, et les dodos de l'île Maurice, à peine un demi-siècle. Descartes, alors sujet du roi Louis XIII, contestait également la présence d'un langage et d'une pensée chez les animaux. S'il s'en était tenu aux oursins et aux méduses, j'aurais eu d'autres priorités que de lui en vouloir, mais sa théorie s'appliquait aux chiens aussi : on existe parce qu'on s'interroge, on s'interroge parce qu'on parle. Selon ses démonstrations, ce qui ne parlait pas ne doutait ni ne pensait, et donc n'existait pas plus. La disparition des rhytines et des dodos s'annonçait comme un non-événement absolu. Ce que ne pouvait pas connaître Descartes, ce sont les travaux sur la métacognition chez les animaux : toute la partie de la conscience qui se demande ce qu'elle sait, toute la partie qui doute. Spontanément, on a du mal à se figurer que la chose soit possible en dehors de notre espèce, nos enfants employant eux-mêmes peu de formules « métacognitives » avant l'âge de trois ou quatre ans. Dès qu'on a trouvé le moyen de tester cela chez les animaux, on les a vus douter. Si seulement Descartes avait été là pour voir ça !

Dauphins, primates, pigeons, rats, tous s'arrêtent et réfléchissent lorsqu'ils savent que, pour obtenir une récompense, ils feraient mieux d'admettre qu'ils ne savent pas plutôt que de répondre au hasard. Les singes réussissent mieux les tests auxquels ils ont choisi de répondre, preuve qu'ils sont capables d'évaluer, par avance, leur confiance en eux. Dans quelle langue le font-ils ? Avec quels mots ? Et si c'était sans importance ? S'il faut douter pour être, voire pour être humain, alors les dauphins, les primates, les pigeons et les rats sont. Alors, selon Descartes lui-même, ils sont humains. Quand Jane Goodall, primatologue, a prouvé que les chimpanzés utilisaient des outils, la définition qui permettait alors de distinguer les animaux des humains tenait précisément à l'usage d'outils. Les chimpanzés auraient ainsi pu devenir des humains dans les années 1970. On a préféré modifier la définition de l'humain, évidemment. On a bidouillé quelque chose à partir de la pensée et du langage, une petite cuisine cartésienne que chaque étude éthologique vient minutieusement démonter.

L'association du langage à la pensée est abusive, idéologique, orientée. Comme beaucoup d'autres, Descartes avait surtout une vision si élevée de la « pensée » qu'elle excluait la majeure partie des êtres conscients de la planète, une grande partie des humains comprise. Depuis, une syntaxe a été identifiée chez les mésanges et les singes colobes, des prénoms chez les dauphins, tandis que Koko le gorille se maquillait en tenant un miroir en face de son visage. Morte en 2018 à l'âge de quarante-six ans après une vie passée auprès de l'éthologue et psychologue Penny Patterson, Koko était également capable d'exprimer son nom en langue des signes. En admettant, comme Descartes, qu'il faille pouvoir dire « je » pour penser, et donc pour être, Koko était, incontestablement, tout comme ses ancêtres, tout comme ses semblables, tout comme une quantité faramineuse d'animaux (mais ils n'étaient pas des sujets du roi, c'est sûr). Koko ne disait pas « je suis » avec ce que l'emploi de la première personne implique de réflexivité conceptuelle sur sa propre existence, mais elle se savait existante, comme tous les animaux concernés par la Déclaration de New York, mon ami bourdon compris. Je pense, donc je est. Régale-toi, mon bon ami. Je peux te resservir si tu veux.

Je est un cachalot pris pour un dragon

Troisième cuillerée de forêt-noire pour moi.

C'est à l'époque de Descartes que l'Anglais Thomas Hobbes déplora que l'homme fût un loup pour l'homme. Connaissant l'extraordinaire capacité des loups à vivre en bonne intelligence au sein de leurs meutes, voire entre meutes au sein d'un territoire, je ne suis pas sûr que Hobbes se soit rendu compte qu'il comparait alors deux espèces extrêmement similaires ; aujourd'hui, cela reviendrait à affirmer que « le bison est un panda pour le bison » ou que « le colibri est une tourterelle pour le colibri ». Mais Hobbes écrivait aussi à une époque où les loups effrayaient le peuple des campagnes, largement majoritaire à l'époque. On avait mieux à faire, alors, que d'étudier la diplomatie lupine, et les interactions se jouaient surtout au niveau de la lutte. Nous pouvons accéder, si nous le désirons, à des vidéos de louveteaux jouant dans lesquelles l'universalité des jeux de l'enfance nous crève les yeux ; si l'on s'imaginait à l'époque que les loups étaient des prédateurs, c'est qu'on n'avait jamais l'occasion que de les croiser grondants, babines retroussées et oreilles écrasées, au moment où ils savaient qu'on cherchait à les tuer.

Au XVIIIe siècle, le halo des Lumières irradie des fermes aux jungles en passant par les océans, où se croisent majestueux vaisseaux de guerre et cachalots. Nous pouvons accéder, si nous le désirons, à des prises de vues sous-marines qui nous révéleront le regard de ces titans, la douceur de leurs gestes, l'attention portée à leur progéniture ; les corsaires du roi, en guerre contre les Anglais, ne le pouvaient pas. À l'époque, ils ne voient que leur dos, ne perçoivent que leur souffle et se figurent qu'il brûle ; ils les dérangent trop pour percevoir leurs vocalisations cliquées. Ce sont des monstres, et le mieux que l'on puisse faire alors, c'est de classifier ces organismes, ce que feront Linné, Buffon, Cuvier. Les défenseurs des classifiés auront aussitôt pour nom Rousseau, Condorcet ou Diderot. Voltaire, au crépuscule de son œuvre, ne doutait pas un instant que les animaux étaient conscients, comme lui. N'importe quel texte de cette époque, dès lors qu'il évoque les idéaux de liberté ou d'égalité, prend de toute façon une résonance doublement révolutionnaire dès lors que l'on inclut les animaux dans le cercle des personnes évoquées. Leurs auteurs ignoraient encore pouvoir franchir le pas, préférant mettre en avant la sensibilité des bêtes. Ce fut le cas de Jeremy Bentham, philosophe dont je viens de croiser la citation sur les murs du restaurant, en chemin vers les toilettes. Elle résume bien les précautions d'usage à l'époque : « La question n'est pas "peuvent-ils raisonner ?"» ni "peuvent-ils parler ?", mais "peuvent-ils souffrir ?" » Aujourd'hui, je me réjouis à l'idée de piocher dans les comptes rendus éthologiques démontrant les capacités de raisonnement des corbeaux, des bourdons ou des cachalots. Et Emmanuel Kant, aux yeux de qui l'on n'a de devoirs qu'envers les êtres doués de raison, voit depuis la Déclaration de New York ses principes déontologiques s'appliquer à des milliards de personnes supplémentaires.

Je est une oie dont la mère est un homme

Forêt-noire, dernière cuillerée. Mon bourdon a rétracté sa langue, et ses antennes rabattues derrière lui indiquent qu'il s'est endormi.

Aristote a vécu plus de trois siècles avant Jésus-Christ, mais son influence, de même que son obsession pour la hiérarchie des êtres, continue de structurer la pensée occidentale à l'ère des smartphones et des accélérateurs de particules. Si la poésie de son temps autorisait encore une porosité des règnes – Zeus se fait taureau, Arachnée, araignée… –, le christianisme apporta une touche de sévérité à l'échelle des êtres : seul l'humain est fait à l'image de Dieu, pas les animaux. Nous sommes sacrés, pas eux. Tombés dans cette tradition-là quand nous étions petits, nous nous figurons ainsi, spontanément, qu'un fossé irréductible nous sépare des bêtes. Combien d'humains nés récemment gardent encore fermement ancrée en eux la certitude qu'une indéfinissable essence distingue leur esprit de celui des animaux ? Disant cela, ils ne plaisantent même pas. Éblouis par l'ampleur de nos œuvres, des gratte-ciel aux fusées, nous en concluons que si aucun autre animal n'a autant transformé le monde, c'est que nous sommes uniques. De cette exceptionnalité, nous avons fait des montagnes. Les philosophes du passé péchaient par méconnaissance des animaux, laissant croire que les humains étaient seuls à s'élever de la boue, parce qu'ils étaient les seuls à gravir d'immenses montagnes conceptuelles. Pour faire quoi cependant ? Aujourd'hui, l'Everest est une décharge.

Charles Darwin était formel : notre parenté avec les autres animaux est certes physique, comme le démontra *l'Origine des espèces* en 1859, mais elle est également psychique, une thèse défendue treize ans plus tard, par Darwin toujours, dans *l'Expression des émotions chez l'homme et les animaux*. Vous avez entendu parler du premier de ces livres, moins du second : ce n'est pas un hasard. Nous acceptons volontiers que nos corps n'aient pas été créés par magie, comme le racontèrent la Bible et de nombreuses autres cosmogonies, mais nous nous accrochons encore à l'idée qu'une étincelle ait un jour distingué l'ancêtre qui donnerait Koko de celui qui nous donnerait, nous. Même Karl Marx, athée parmi les athées, crut savoir expliquer ce qui distingue l'abeille de l'architecte, ou l'araignée du tisserand : les animaux agissent sans prévoir, sans se projeter, sans réfléchir, tandis que les humains, eux, planifient et conceptualisent. Karl Marx n'était pas entomologiste, alors j'aimerais lui demander : comment pouvait-il être sûr, absolument sûr, qu'il ne se passe rien, absolument rien, dans la tête d'une abeille ou d'une araignée avant que celle-ci se mette à l'œuvre ?

Comme nous, les bourdons sont capables d'apprendre et de transmettre des connaissances complexes. Leur cerveau n'est pas plus gros qu'une graine de coquelicot, ce qui ne les empêche pas de se transmettre, d'un individu à un autre, les secrets pour franchir les obstacles menant à une réserve de sucre. Comment font-ils ? Nous n'en savons rien mais, contrairement à Marx, nous avons les moyens de savoir que nous nous fourvoyons en présumant que ces animaux ne pensent pas, et nous savons que la taille de leur cerveau ne présume pas de l'intelligence des gens, idée encore très en vogue à la fin du XIXe siècle. Le XXe siècle apporta les clés de la communication chez les abeilles, de l'attachement chez les oies ; on vit, pour la première fois, des couvées s'attacher à l'éthologue qui les étudiait. En dépit de ces révolutions, on entendit encore longtemps parler de la pauvreté intérieure des animaux. Que l'on ne distingue pas les amibes des oiseaux ou les étoiles de mer des insectes ne pouvait effectivement que mener à l'erreur. Les animaux réclament d'être étudiés de près, et la conscience ne devient pas un détail dès lors qu'elle habite d'autres organismes que le nôtre. Ce parti intenable, cette généralisation abusive, c'est encore du spécisme. Heidegger, auteur de la tournure qui voyait dans les animaux des êtres « pauvres en monde », mourut un an après la publication de *la Libération animale,* de Peter Singer, essai fondateur de l'antispécisme contemporain.

Je est un bourdon repu

Tout le monde essaie, à un moment ou à un autre de sa vie, de définir ce qui nous distingue des animaux. Ce qui compte, c'est de savoir que, tous siècles confondus, ces définitions ont pris la forme de négations, d'expressions privatives, qui faisaient des extrahumains des êtres diminués, débiles. Sans pour autant se montrer insensibles à la cause animale, certains philosophes voyaient dans les humains des êtres spéciaux, métaphysiques, et dans les animaux de simples êtres physiques… Pauvres d'eux. Pierre Boulle, auteur de *la Planète des singes,* expliquait à la fin des années 1960 avoir reconnu des animaux dans les traders de la Bourse : « Leur comportement est un comportement animal, où l'intelligence n'a aucune part. » Personne ne le contredisait.

Autant dire que Pierre Boulle ne risquait pas de rencontrer un singe avec des idées pareilles. Pour rencontrer quelqu'un, la moindre des choses est de lui reconnaître une intériorité, une intelligence, une façon de nous considérer dans sa périphérie. À ce titre, le bourdon que j'ai près de moi, et à qui je permets d'escalader ma main et de goûter au sucre qui reste au bout de mes doigts, me rencontre comme je le rencontre. Nous n'en garderons pas les mêmes souvenirs, ni les mêmes sensations, mais je lui accorde ma confiance en le laissant monter sur moi, et il l'honore en ne me piquant pas. Il le pourrait : j'en ai fait l'expérience un jour où je cherchai à en guérir un autre des parasites qui couraient dans son duvet. Déjà stressé par leur présence, il m'infligea une piqûre douloureuse au moment où je tentai de l'immobiliser en coinçant ses pattes entre mes doigts. Ce bourdon strasbourgeois, repu de sucre, reposé, heureux, se promène sur moi, détendu. Oui, c'est une rencontre. Je ne vois pas en lui un être métaphysique, mais pas un être strictement physique non plus. Pour rien au monde, je ne me risquerais à affirmer ce que Pierre Boulle pense des singes. La philosophie a longtemps pris le pli de valoriser ce qui autorise à traiter les animaux comme des ressources plutôt que des personnes. S'étonnera-t-on alors des dégâts faits par des décennies de bulldozers et de chalutiers ? Dans la philosophie anthropocentriste, les animaux n'expriment rien que nos sens ne puissent percevoir. Et c'est nous, créatures divines en l'absence même de Dieu, qui décidons de ce qui existe ou non. Pierre Boulle aurait-il nuancé sa critique des traders en découvrant des primates surpris de découvrir leur reflet dans le miroir (chimpanzés, bonobos, orangs-outans, gorilles, macaques) ?

Si la conscience importe à ce point, ce n'est pas en tant que caractéristique humaine, mais animale ; nous n'avons fait qu'y suspendre des miroirs. Grâce à ces miroirs, nous pouvons regarder ce que nous pensons, en parler et le modeler ; oui, cela nous distingue, un peu, si l'on veut, de toutes les autres espèces. Comme tous les animaux, nous pouvons choisir ce que nous sommes ; en revanche, nous seuls pouvons également choisir ce que nous pensons de ce que nous sommes. Le construire ou le déconstruire le fait évoluer. Ces miroirs, appelés concepts, nous permettent de regarder nos idées et d'en parler à l'infini, jusqu'à perdre parfois le sens des réalités, mais ils nous permettent également de prendre conscience, par exemple, de la continuité de la violence sur les champs de bataille et dans les abattoirs, de choisir de penser que nous sommes cruels, et que nous pourrions l'être moins.

4.
LES JURISTES AU CHEVET DES ANIMAUX

Longeant les canaux, je m'éloigne du quartier des cigognes et je rejoins la presqu'île André Malraux, où un groupe d'étudiantes discute des cours prodigués à la fac. Depuis quelques années, Strasbourg propose un diplôme en droit animalier, et je constate que les ragondins des canaux sont aussi curieux que moi d'écouter ce qu'elles se disent. Sur les marches devant la médiathèque, au pied d'une grue conservée après la revalorisation de cette ancienne friche industrielle, les animaux sont peu farouches. Un couple de grèbes huppés dérive, leur ligne de flottaison étrangement plus basse que celle des canards alentour. Voilà des années qu'ils vivent ici. Au loin, près de la route, j'aperçois un cygne en train de couver : son nid, constitué d'herbes et de morceaux de plastique, ne paye pas de mine, mais les passants semblent respecter cette nursery urbaine, c'est le plus important.

Pendant un instant, tout ressemble à ce monde où, oui, nous aurions décidé que nous étions trop cruels et devions l'être moins, où l'université forme à la compassion et à la défense des plus faibles, où les grèbes huppés sont citoyennes à part entière des canaux et où les lois préservent le droit d'immenses oiseaux blancs à nicher près des trottoirs, et celui des ragondins à réclamer une friandise, leurs mains terriblement humaines posées sur le bout de nos baskets. La philosophie a fait son œuvre, la politique l'a prise au pied de la lettre. Nous voilà en Utopie. Un havre multispécifique, où la conscience de chacun lui garantit le droit de vivre et de chercher son bonheur.

La conversation des étudiantes, évidemment, ramène à la réalité. En 2015, le Code civil français a admis que les animaux étaient des êtres… sensibles. Sensibles, c'est-à-dire capables de réagir à des stimuli, comme les plantes, les huîtres et les panneaux solaires. En 2015, la référence à la « sensibilité » est devenue possible ; qu'un avocat se mette à plaider la conscience d'un animal pour le défendre, et on le regardera avec des yeux ronds. Pourtant, c'était une révolution : à ce sujet, le Code civil n'avait pas changé depuis 1804 et sa création sous Napoléon Ier, plus d'un demi-siècle avant Darwin. Par la suite, nous avons « oublié » de nous charger du problème, et les animaux sont restés des « biens meubles ». Cela n'a l'air de rien, mais le fait de reconnaître chez les animaux une sensibilité, quoique cette caractéristique se retrouve chez les plantes aussi, marque un grand pas vers la reconnaissance de leur personnalité juridique. C'est un pied dans la porte ; un pied de souris… mais tout de même.

Je est une dinde exfiltrée d'un élevage

Le ragondin allongé devant moi prête l'oreille, alors je l'imite.

Lorsque Heidegger mourut, en 1976, l'article L214-1 du code rural et de la pêche maritime fut également rédigé. Gare à ne pas le confondre avec l'article 515-14 du Code civil, et de sa modification du 18 février 2015. Cet article L214, rendu célèbre depuis 2008 par l'association animaliste du même nom, le voici : « Tout animal étant un être sensible doit être placé par son propriétaire dans des conditions compatibles avec les impératifs biologiques de son espèce. » En 2015, l'ajout du mot « sensible » au Code civil avait fait les gros titres, mais il était déjà doublement obsolète : parce que le code rural le contenait déjà depuis quarante ans et parce que la Déclaration de Cambridge sur la conscience avait trois ans. Pour être honnête, l'article L214 « tiret un » est le meilleur de la collection. Et s'il fait rêver, ses mots les plus importants ne sont pas « être sensible », mais « propriétaire ». Le code rural emploie sans complexe les mots « détenir » et « utiliser » pour parler de la relation aux animaux domestiques. Si un animal n'est la propriété de personne, sa vie ne vaut pas grand-chose. Les animaux sont la propriété des éleveurs et, si j'exfiltre une dinde à l'entrée d'un abattoir, ce n'est même pas du kidnapping, c'est du vol. Les animaux n'ont aucune personnalité juridique : ils ne sont ni des personnes physiques ni des personnes morales. Un abattoir peut être une personne ; un cochon, non. Les activistes portent préjudice à la personne morale de l'abattoir lorsqu'ils s'enchaînent dans ses couloirs ; l'abattoir, lui, ne porte préjudice à rien ni à personne lorsqu'il tue un cochon, ou cent mille.

Gardons en mémoire que des années de lutte auront été nécessaires pour démontrer qu'une vie en cage, pour l'hippopotame d'un cirque itinérant, constitue un « mauvais traitement ». Gardons en mémoire que l'article L214 date de 1976, mais que la castration à vif des porcelets n'a été interdite qu'en 2021. Combien de castrations, chacune d'une douleur sans paroles, sans mots, sans concepts, semblable en tous points à celle d'un nourrisson à qui on ferait la même chose, ont eu lieu pendant ces quarante-cinq ans de latence ? En 2024, à chaque instant, 370 millions d'animaux vivaient toujours dans des cages. On se demande bien pour quelle espèce les barreaux constituent un impératif biologique. Les cours de justice manquent de vétérinaires.

Quoi qu'il en soit, la question de la « détention » des animaux ne sera pas résolue en deux coups de cuiller à pot. S'il est inenvisageable de libérer 370 millions animaux d'un coup, on peut imaginer la fin des cycles d'insémination artificielle jusqu'au retour à un nombre d'animaux de ferme dont il sera possible d'assurer un bien-être réel. Quant au compagnonnage interspécifique, hors de question de l'abolir : non seulement parce que ce serait déprimant, mais aussi parce qu'il est inconcevable d'infliger une liberté totale aux innombrables chats et chiens vivant dans des refuges et recherchant activement la présence d'humains à leurs côtés. Ainsi, pour une portée de chatons abandonnée à la porte d'un refuge, trois options existent. Ils peuvent rester en cage, être piqués ou être adoptés. Nul besoin d'être Stephen Hawking en personne pour calculer que la vie dans un appartement d'une bonne quarantaine de mètres carrés et pourvu de fenêtres est préférable à la fois à la mort et à la cage. Si nous adoptons des animaux de compagnie, c'est pour leur éviter une vie de misère dans un refuge ; à en croire les textes de loi, ce n'est que pour notre agrément.

Le ragondin saute deux marches, rejoint l'eau et se remet à nager, paisible torpille dirigée vers la rive. S'il savait…

Je est un chaton immatriculé auprès du ministère de l'Agriculture

Cela peut paraître anachronique, mais les humains se sont souciés de protéger les animaux en tant qu'individus avant de chercher à sauvegarder les espèces. En 1850, au plus fort de la pêche baleinière dans le monde, la loi Grammont interdit la maltraitance animale en public afin d'épargner aux passants les sévices sur les chevaux, alors omniprésents. Les premières lois soucieuses de préserver des espèces verront plutôt le jour au début du XXe siècle… quand il devint évident que les « stocks » de baleines étaient en train de s'effondrer.

Nos législateurs ont été très lents à se rapprocher d'une justice réelle pour les animaux, et j'admets volontiers que nous n'en avons jamais été si proches, quoiqu'il reste encore du chemin à parcourir. Au XIIIe siècle, les animaux n'ont aucun droit, mais déjà des devoirs : en 1226, au terme d'un procès devenu légendaire, on pend une truie qui avait mangé un bébé. C'était cruel, oui, mais cette truie, finalement, était considérée comme une personne, condition sine qua non pour être coupable de quoi que ce soit. Dans un monde où humains et bétail se côtoyaient en permanence, l'idée que les animaux ne soient que des ressources abstraites était lointaine.

Voilà pourquoi la fréquentation des animaux est si importante, voilà pourquoi il importe d'en rencontrer le maximum, voilà pourquoi, dans un coin de notre tête, nous devons nous souvenir qu'ils sont plus que des éléments du monde qui nous environne, mais des habitants de celui-ci, comme nous.

Dans ma vie quotidienne, le compagnonnage interspécifique porte les noms de Padmé et Phœbe, une chatte et une lapine. La seconde me mordille volontiers le talon pour réclamer de l'attention lorsque j'écris, et je dois alterner entre les touches de mon clavier et les bosses à l'arrière de son crâne. J'éprouve, il est vrai, un certain vertige à l'idée qu'elles ne soient quelqu'un qu'aux yeux des gens qui les connaissent, mais pas à ceux de la loi. Toutes deux comptent, certes, parmi les 77 millions d'animaux de compagnie « immatriculés » auprès du ministère de l'Agriculture ; Padmé fait partie des 14,6 millions de chats français. Mais sont-elles seulement « françaises » ? Je ne suis même pas sûr que ce soit le cas. Aucun animal n'est français aux yeux de la loi, pour la bonne raison qu'il faut être quelqu'un pour être français.

En 2014, une femelle orang-outan née un mois avant moi (Sandra est du 14 février 1986) est devenue le premier animal libéré à la suite de procédures juridiques s'appuyant sur le fait qu'elle était une personne, et donc victime de séquestration. Née en Argentine, elle vit aujourd'hui dans un sanctuaire autrement plus accueillant que son cachot initial. En 2014 encore, l'Inde reconnaît les dauphins comme des personnes non humaines. Le Gange ne s'est pas retrouvé dépollué aussitôt au nom des dauphins roses qui y survivent chichement, mais l'intention était là.

Retour en France : Inouk, orque prisonnière du Marineland d'Antibes de 1999 à 2024, n'aura jamais été quelqu'un. À sa mort, son corps est passé à l'équarrissage. Il n'aura pas de pierre tombale. Inouk est comparable aux humains avant l'instauration du Code civil : sa personne n'aura jamais eu d'existence juridique, et elle n'aura été que l'un des « animaux sauvages tenus en captivité » par une poignée de pseudoscientifiques et de gestionnaires en maillot de bain. Toute la difficulté des associations qui s'indignent du traitement réservé aux cétacés captifs consiste à devoir porter plainte pour « maltraitance d'un animal », et non séquestration d'une personne, ce qui simplifierait les choses.

Du côté corrida, la prochaine étape sera de l'interdire aux mineurs. Il ne s'agit donc pas de défendre les taureaux... mais les petits humains. Dans le labyrinthe ubuesque de la législation spéciste, c'est un détour nécessaire, une goutte d'eau contribuant à éteindre une partie du grand incendie idéologique ravageant le règne animal en France. D'autres gouttes s'y sont ajoutées récemment : de la végétalisation de l'alimentation dans les cantines au rehaussement des peines pour maltraitance sur les animaux en passant par l'interdiction de la vente de chiens et de chats en animalerie ou celle de la présence d'animaux sauvages dans les cirques, sans oublier l'intégration, dans le code de l'éducation, du respect des animaux de compagnie au programme des cours d'enseignement moral et civique. Bientôt, une fois les cages abolies, les truies allaitantes pourront peut-être se mettre debout et les poules pondeuses découvriront qu'elles peuvent étendre leurs ailes. Quant aux chasseurs, ils n'auront plus le droit de ramener leurs trophées sur les compagnies aériennes françaises.

L'application de ces lois est aléatoire, et prend souvent du temps. L'une après l'autre, ces lois fixent un cap, mais pas vraiment de cadre : ce sont des coloriages tracés sur une feuille blanche, enjoignant les enfants à dessiner sur le papier plutôt que sur les murs. Déborder de la ligne reste encore très largement toléré, et pourtant le progrès est immense : nous partons de si loin.

Je est un cygne anonyme

Depuis les tables du deuxième étage de la médiathèque, on peut assister au décollage des cygnes au-dessus du canal comme sur écran géant. Ils filent à hauteur de regard sans se savoir admirés, concentrés sur leur trajectoire, ne voyant dans les vitres que leur reflet, dont ils ne s'occupent pas non plus. Où vont-ils ? Qui sont-ils ? Qu'est-ce qui distingue un cygne d'un autre ? Pour le savoir, il suffirait de leur consacrer du temps. De faire leur connaissance. De passer plusieurs jours à leurs côtés. Comme pour tous les humains fréquentant des animaux, il deviendrait alors facile, évident, d'apprendre à reconnaître leurs individualités. Pour moi, à cet instant, ils sont ces astéroïdes de plumes blanches traversant mon champ de vision.

La colère de ces étudiantes en droit est légitime. Comment faire en sorte que les animaux soient défendus et respectés sans qu'il soit nécessaire de tous les connaître, de tous les faire immatriculer ? L'idée d'un référendum me fait rêver. Les animaux conscients doivent-ils être considérés comme des personnes ? Votez ! La campagne du « non », menée par les chasseurs et les bouchers, aurait de la gueule. Et puis, les animaux gagneraient. De peu, mais ils gagneraient. Les conséquences dépasseraient de loin ce qu'on aurait imaginé au moment de la campagne, mais la vie continuerait, et les inondations dans l'Yonne ne feraient plus déborder des rivières de sang, depuis les abattoirs jusque chez l'habitant.

Le 14 septembre 2021, au Mexique, la Déclaration de Toulon fut mobilisée pour envisager l'inclusion, dans la Constitution, des animaux comme sujets de droit. Idée de rêve, encore une fois ; la France ne serait pas seule, dans ce cas. Sept pays l'ont déjà fait, dans de moindres mesures, avec diverses tournures : l'Inde, le Brésil, la Suisse, l'Allemagne, l'Autriche, le Luxembourg et la Belgique. Mais ne nous leurrons pas : la constitutionnalisation de la protection animale en France n'arrivera pas de sitôt. Ce qui pourrait arriver – dans dix ans, vingt ans, quand il sera trop tard –, ce serait une constitutionnalisation de « l'environnement », ce qui est assez différent. Défendre l'environnement n'est pas nécessairement défendre les animaux : on peut sanctuariser toute une partie de la Dordogne et continuer d'envoyer des agneaux se faire tuer. Le héron qui regarde passer la bétaillère est protégé par l'espèce à laquelle il appartient, bien qu'il n'y soit pour rien. Les agneaux, eux aussi, sont traités en fonction de l'espèce à laquelle ils appartiennent, et dans leur cas la loi, malheureusement, ne garantit pas leur survie.

Voilà ce qu'il y a d'injuste, aujourd'hui ; voilà ce qui met les animalistes en colère, et révolterait tout le monde si les injustices commises envers les humains ne nous occupaient pas déjà autant : la distinction du traitement des animaux ne s'appuie pas sur quelque chose de concret, comme les relations qui nous lient à eux, selon qu'ils soient sauvages, domestiques ou simplement liminaires (voir page 91), proches de nous. Notre droit animalier repose sur quelque chose d'abstrait et d'arbitraire : l'espèce à laquelle appartiennent tous ces gens à poils, à plumes et à écailles. Leur classification dans l'arbre du vivant. En droit n'existent que deux catégories d'animaux, seulement deux : les domestiques et les sauvages. Partant de là, nos lois sont spécistes et s'échafaudent, littéralement, à la tête du client, c'est-à-dire en fonction de la configuration de ses organes : côté domestiques, chats et chiens sont protégés, vaches et cochons sont découpés ; côté sauvages, hérons, dauphins et serpents sont protégés, vanneaux, sardines et sangliers peuvent être massacrés. Ce n'est pas sérieux. Nous devons nous rapprocher des animaux, de ce qu'ils sont, de ce qu'ils vivent, de ce qu'ils pensent, et dans la foulée légiférer en conséquence.

De 1999 à 2003, la chasse fut interdite le mercredi par la ministre de l'Environnement d'alors, Dominique Voynet, or cette loi ne profitait aux animaux qu'en troisième lieu seulement. Prioritairement, elle visait à offrir plus de sérénité aux familles le jour où les enfants ne sont pas à l'école, mais jouent en forêt ou dans les champs, où les accidents de chasse laissaient planer la menace constante d'une tragédie. Dans un deuxième temps, l'enjeu de cette loi était symbolique : il s'agissait de tendre à un partage équitable de la nature. Un jour par semaine, les humains n'avaient plus le droit d'agir sur ce qui ne leur appartenait pas, et le monde extrahumain retrouvait, l'espace de vingt-quatre heures, son inestimable souveraineté. Le fait que les habitants des forêts et des champs bénéficient d'une journée pour se remettre de leurs courbatures des jours précédents, passés à détaler pour sauver leur vie, n'était alors qu'un détail. Un bénéfice collatéral, disons. Moi, comme les lièvres, j'éprouve le besoin que les étudiantes en droit animalier de l'université de Strasbourg passent enfin à l'action… Je ne puis me contenter des codes actuels !

5.
PUISSANCE DES MÉDIAS SPÉCISTES

Jusqu'en 2022, le parc de l'Orangerie, à Strasbourg, abritait un zoo aussi étrange qu'anachronique : sous les cigognes en liberté, il était possible d'en observer d'autres, en volière, aux côtés d'une famille de macaques offerte aux regards des passants et d'un lynx dans sa cage rudimentaire. Tous ont, depuis, rejoint des sanctuaires. Mais qui étaient-ils ? Quels étaient leurs traumatismes ? Quelle fut l'ampleur de leur plaisir en découvrant leurs nouveaux lieux de résidence ? Nous ne le saurons jamais, non parce que c'est impossible, mais parce que ces informations ne sont jamais communiquées. Les animaux sont encore largement appréhendés par le prisme de la santé biologique, jamais psychique ; tant qu'ils ne sont pas morts au cours de leur transfert, c'est que tout va bien. Cela tient au récit que nous faisons de la vie des animaux, et des informations que nous avons appris à trouver importantes. Or, dans la plupart de ces récits, nous échouons à accorder aux pensées des bêtes l'importance qu'elles méritent.

Nous sommes à l'est du Congo belge en 1929, non loin du parc des Virunga. Dans une quarantaine d'années – à peine une vie pour un gorille des montagnes –, la primatologue Dian Fossey viendra révolutionner notre connaissance des grands singes en liant connaissance avec les membres de l'une de leurs tribus à cet endroit du monde. Mais, en 1929, braconniers et missionnaires blancs se permettent encore tout. Une famille est massacrée. Un petit, kidnappé. Baptisé Buddy (« bon pote »), ce gorille encore enfant, orphelin, est adopté par un Anglais, le capitaine Arthur Phillips, qui le garde auprès de lui. Combien de traversées de l'Atlantique effectua Buddy ? Un soir, un marin furieux contre son capitaine choisit de se venger sur son animal de compagnie, et jette une bouteille d'acide nitrique au visage du gorille. Les yeux abîmés, le visage défiguré, Buddy en conçoit une rage qui rend impossible sa présence sur un bateau. Il est adopté par une New-Yorkaise d'une cinquantaine d'années, Gertrude Linz, passionnée de chiens et profondément animaliste. Elle traite Buddy comme un enfant, le guérit, l'habille, l'éduque et le promène dans le New York des années 1930 sur le siège passager de sa Ford.

L'histoire ne s'arrête pas là. Traité comme un enfant, Buddy n'en passait pas moins ses nuits en cage. Et c'était toujours un enfant. En 1937, un coup de tonnerre le terrifie ; qui sait quels souvenirs les bruits sourds pouvaient susciter chez lui ? Il brise la serrure de sa cage. Monte les escaliers. Débarque dans la chambre de sa tutrice et de son mari, qu'il terrifie. Quelques jours plus tard, voilà Buddy vendu à un cirque pour 10 000 dollars, une sacrée somme. Il devient alors la propriété d'un cirque, les Ringling Brothers, qui le rebaptisent Gargantua… et font de lui un monstre. À lui seul, il sauve le cirque de la faillite. Pendant la guerre, à la mort de son dresseur, Buddy change encore de mains. Après avoir longtemps souffert de problèmes dentaires et dermatologiques, il meurt en 1949, d'une double pneumonie. Comment imaginer que ce gorille ait pu être quoi que ce soit d'autre qu'une victime ? De cela, rien n'était dit à l'exposition que je visitai courant 2023, consacrée par le musée de Châlons-en-Champagne à l'histoire des animaux de cirque. Six ans venaient de s'écouler depuis la faillite des Ringling Brothers, au terme de cent quarante-six ans d'activité, sous la pression de groupes animalistes soucieux du bien-être de leurs éléphants, et deux ans étaient passés depuis l'interdiction, en France, d'exhiber des animaux sauvages dans les cirques itinérants. Le monde change, les lois aussi ; mais que dire de nos récits ?

Je est un éléphant névrosé

L'exposition où Gargantua était en bonne place ne mentionnait pas une seule fois le spécisme, ce chauvinisme d'espèce qui présida aux innombrables histoires de maltraitance animale sous les *spotlights* et les paillettes. Inévitable corollaire : il n'était jamais question d'individus, mais de spécimens. Que cette exposition ne juge pas, soit. Les anciens dompteurs sont encore en vie, et personne ne les a formellement condamnés ; difficile d'en faire des criminels. Mais, en s'évitant l'écueil de la dénonciation, l'exposition basculait du côté de la complicité, n'évoquant jamais ne serait-ce que la souffrance des bêtes dressées dans les cirques. Or cette souffrance, physique et psychique, fut réelle, et elle ne tient pas à une quelconque lecture subjective, ou anthropomorphique, que je pourrais faire de leur condition : il suffit de se projeter un tant soit peu dans l'histoire de Buddy pour en prendre conscience.

L'exposition présentait également Siam, éléphant d'Asie dont la dépouille est toujours exposée au Muséum national d'histoire naturelle. Kidnappé dans une forêt indienne en 1945, il fut d'abord brisé pour devenir animal de trait, puis vendu à un cirque suisse, qui le transporta de Calcutta à Zurich ; de là, il fut vendu en 1964 au zoo de Vincennes, où il occupa le même espace jusqu'en 1997, date de sa mort. L'exposition était extrêmement pudique quant à sa vie de misère, mais me permit de comprendre qu'à dix ans j'avais rencontré Siam, lors d'une visite au zoo organisée par mon école primaire. Je l'avais pris en photo avec un Kodak jetable, et n'avais pas alors la moindre idée de qui il était ni de ce qu'il avait vécu. La pancarte du zoo indiquait juste « éléphant d'Asie ». J'ai grandi dans une société profondément spéciste.

Ce qui manque, ce sont des histoires, des fables pour ouvrir les yeux, dès le plus jeune âge, des générations à venir sur la réalité de la psyché animale et enseigner à ceux qui sont déjà adultes ce que leur vision des bêtes a de conditionné. Hélas, parce que cette autre vision des animaux émerge à peine, nous hésitons encore beaucoup à reconnaître nos semblables chez les gorilles ou chez les éléphants. Cet entre-deux est terrible, et nous tournons en rond, comme en cage, coincés d'un côté par l'idée que les animaux ne sont pas des choses et de l'autre par celle que ce ne sont pas des personnes non plus. Les conséquences de cette indécision, ce sont les animaux de laboratoire qui l'incarnent le mieux, eux qu'il est biologiquement pertinent d'utiliser parce qu'ils sont comme nous, et moralement permis d'utiliser parce qu'ils ne sont pas comme nous.

Je est un faon endeuillé

Être un animal, est-ce donc être une personne ou être une chose ? L'indécision des humains à ce sujet ne date pas d'hier. Dans les années 1960, Disney produit des documentaires animaliers douteux dont les voix off prêtent volontiers une vie de famille, à l'américaine et à l'ancienne, à des jaguars ou à des écureuils… avant de rappeler au public que ces vies ne sont semblables à aucune autre, surtout pas à celles des humains. De tels documentaires se révèlent plus nocifs que *Dumbo, Bambi* ou *le Roi lion,* où l'anthropomorphisme assumé traduit, en fait, l'existence d'émotions réelles chez les éléphants, les faons ou les lionceaux, à commencer par la peur ou le chagrin. Si les chasseurs détestent autant *Bambi,* c'est qu'il met le doigt sur quelque chose de juste et d'embarrassant pour leurs affaires.

Paradoxe de l'inénarrable « disneyisation » de l'animal, elle procède autant, sinon plus, des documentaires animaliers que des dessins animés. Dans *le Monde du silence,* de Jacques-Yves Cousteau, les requins sont traités comme la sorcière de *Blanche-Neige,* et exterminés en conséquence.

Plus insidieux que le dessin animé, le documentaire se donne les atours de l'objectivité scientifique. Il fait office de train fantôme, dans lequel on embarque pour observer l'humanité des animaux, avant d'être chassé des wagonnets au moment du générique, rejoignant le statu quo : souvenez-vous, ce n'est que du cinéma ! Ce n'est jamais dit comme cela, une sorte de fausse humilité spéciste faisant son œuvre – on ne sait pas, il reste tant à apprendre, nous ne pouvons pas extrapoler… –, mais la conclusion est terrible : il nous est déconseillé de croire que les animaux puissent être comme nous.

Je est une panthère des neiges sans pouvoirs mystiques

On pourrait penser que cette pudeur anthropocentrique a fait son temps, que nous sommes passés à autre chose. Ce n'est pas vraiment le cas. En l'absence de notion de « personne non humaine » pour décrire l'apparition de grands animaux dans les environnements sauvages, les humains peinent à rendre leur regard aux créatures à travers l'avalanche de mythes qui s'abat alors sur eux. Parce qu'ils cherchent des mots à la hauteur de leur émotion, le vocabulaire du mysticisme s'impose à eux, se substituant à celui de la rencontre : et voilà les baleines ou les panthères des neiges faites émanations du lieu, purs spectres, déesses des origines. Il est pourtant possible, plausible et autorisé de dire que l'on a rencontré quelqu'un, et non quelque âme des pierres investie d'une connaissance exhaustive de l'univers. Il arrive aux panthères des neiges de tomber d'une falaise en chassant et de se tuer, comme n'importe qui.

Cette poésie vaut mieux, c'est certain, que le réflexe inverse poussant au mécanisme. Parce qu'il nous est impossible de connaître le prénom des bêtes et de leur demander ce qu'elles pensent, elles se voient souvent réduites à quelques chiffres et autres caractéristiques physiologiques : untel peut sprinter à plus de 60 kilomètres à l'heure, untel a les pattes avant plus courtes que les pattes arrière, le rôle d'untel est d'indiquer l'état de santé de son habitat, etc. Le problème du mysticisme, c'est qu'il ouvre la porte à un anthropomorphisme aveugle, qui ne se pose plus la question de ce qui est crédible ou non. Si vous vous apercevez, un jour, qu'un grand animal sauvage vous suit, et si vous avez le bonheur de croiser son regard, gardez-vous de consigner dans vos carnets, les doigts gourds et le stylo tremblant, que ce regard était méprisant, mystérieux ou froid. Prémunissez-vous, de même, contre les oxymores, qui ne disent rien que l'impossibilité de décrire la rencontre. Les animaux sauvages ne sont ni des reines ni des rois, ils ne nous méprisent pas. Ils ne savent simplement pas qui nous sommes, et ils s'interrogent. Nous ferions de même.

Autre versant du mysticisme étouffant la présence animale à nos côtés : l'idée d'une planète qui serait une seule et même chose, atome, lumière ou énergie vitale. J'aime l'idée que la panthère soit une panthère, une personne panthère, et rien d'autre. En revanche, pour un cinéaste pétri de mystique chrétienne, tel Terrence Malick, un éléphant vaut une fleur, et le travelling avant sur l'un puis le travelling arrière sur l'autre les relient dans une même respiration. Sur grand écran, c'est magnifique, mais je préfère l'idée que l'éléphant mort soit un éléphant mort, et pas une matière en attente de recyclage. En 2011, son film *The Tree of Life* (*l'Arbre de vie*) recevait la Palme d'or, et son influence est palpable depuis. Son nom est même devenu un adjectif : papillons et fleurs apparaissant au cinéma sont volontairement qualifiés de « malickiens ». Mais le papillon pense, lui – c'est cela qui m'intéresse –, et ses pensées ne viennent de nulle part ailleurs que de ses neurones, à lui.

La théorie Gaïa, qui fait de notre planète un tout vivant, où tout ce qui vit formerait un organe, ou une cellule, a de quoi séduire. Elle est dans les films de monstres, présentés comme de gigantesques anticorps face à la contamination humaine des écosystèmes, ou dans les films d'aventures situés dans les entrailles d'animaux géants ; elle est encore dans les mondes féeriques où chaque être est indistinctement constitué de poussière d'étoile. Ces fables ne sont pas spécifiquement disneyennes, elles sont l'écho d'une conception romantique du monde selon laquelle tout serait magie plutôt que chair. Pourtant, la panthère des neiges n'est que cela, de la chair ; pourquoi réclamer qu'elle soit plus ?

Demandons-nous plutôt ce que seraient des humains soumis à la nature comme le sont les animaux de telles fictions, de tels documentaires biberonnés au merveilleux. Ils n'auraient de volonté propre qu'extérieure à eux-mêmes, obéissant aux cycles. Ils seraient sales, brutaux, incompréhensibles. Ces humains chercheraient à perpétuer leur espèce tout en s'assurant du bon fonctionnement de leur écosystème ; les observant évoluer dans une prairie, grimper aux arbres pour cueillir des fruits et se les partager, nous nous émerveillerions de leurs compétences sociales et nous demanderions comment ils font pour se transmettre des informations, suggérant in fine qu'il peut s'agir d'un phénomène magique que nous ne comprendrons jamais. Si cette proposition semble ridicule, c'est parce que nous connaissons de l'intérieur ce que font les humains de leurs journées, et savons que perpétuer l'espèce ou préserver les écosystèmes constituent bien souvent le cadet de nos soucis. Deux gibbons en haut d'un arbre, contemplant le coucher du soleil ou la nuée de moucherons à leur hauteur, ne se posent pas ces questions-là non plus. Nous pouvons le savoir de l'intérieur aussi, car nous partageons leur animalité. Nous devrions savoir ce qu'est un animal qui vit pour lui-même, comme un humain, sans aucune idée de ce qu'est la nature ou son écosystème, ou de quoi que ce soit de mystique. Il vit, il ressent, il s'active. Il joue, il mange, il dort, il rêve…

Depuis sa popularisation au fil du XXe siècle, la théorie de l'*Umwelt,* selon laquelle le monde diffère en fonction de la configuration des organes avec lesquels il est perçu, a été totalement intégrée par les humains. Le monde de ces derniers n'est pas celui des tiques, des abeilles ou des chauves-souris. Nous en avons, un peu rapidement, déduit qu'animaux et humains vivaient dans des mondes parallèles, hermétiques les uns aux autres. Mais y a-t-il vraiment autant de mondes que d'espèces ? C'est largement discutable, ou alors admettons que ma nièce n'habite pas le même monde que moi parce qu'elle est née vingt-cinq ans plus tard et qu'elle passe ses journées au collège. S'il peut y avoir une altérité animale, elle n'est certainement pas radicale. Et s'il existe un mystère animal, il est de la même étoffe que le mystère humain.

Pensez aux animaux que l'on aperçoit parfois autour des humains dans les films leur ménageant une place autour de leur récit. Ne suffit-il pas de considérer qu'ils n'ont tout simplement pas les mêmes préoccupations ? Quant à ceux que nos gesticulations meurtrières terrifient, ne subissent-ils pas le même monde et les mêmes destructions que nous ? Regardez ces animaux évacués des zones de guerre. Le fait de capter le monde par des moustaches et non des doigts leur fait une belle jambe. Leur épouvante est la nôtre.

Je est un chimpanzé habitué aux caméras

Saisissant l'approche d'un guépard à l'affût, une antilope, plutôt que de détaler, s'élève majestueusement sur ses pattes arrière. Lévite. Les caméras d'aujourd'hui permettent de décomposer le réel en plusieurs milliers d'images capturées chaque seconde, et le temps animal se dilate d'autant. Le sprint du guépard derrière sa proie, fulgurant en réalité, s'étend sur plusieurs minutes de quasi-chorégraphie : à chaque pas lentement posé au sol, en simulacre de délicatesse, nous trouvons le temps d'observer le frémissement des muscles minutieusement tendus sous le pelage, l'échange des regards… Un corps chasse l'autre. La suspension du temps laisse croire à des formes irréelles, éthérées. J'ai vu des requins blancs s'élancer hors de l'eau pendant des minutes entières, une longue note de violon accompagnant la mort d'une otarie poussée par leurs mâchoires sur le point de se clore. Glorifiant des corps, sublimant des capacités physiques, le ralenti change les animaux en divinités creuses. Voilà des rennes traqués par un loup. Quid de leur intelligence réelle, individuelle, là, à l'instant du tournage ? De l'affection que porte la mère à son petit, qui s'élance à son tour ? De la probabilité que les rennes connaissent les routes migratoires parce qu'ils les ont apprises ? Pas un mot. La question n'est pas « À quoi servent les bois du renne ? », mais « À quoi pense un renne quand il se réveille ? ».

Creusant un sillon prometteur, certaines séries admettent que le monde change en permanence, et s'intéressent aux bonds évolutifs effectués par certaines espèces en réaction au dérèglement climatique. L'éthologie, l'étude du comportement animal, se teinte d'ethnologie, l'étude des peuples humains et de leurs cultures. Plutôt que d'approcher les animaux en se demandant s'ils ont des compétences, ces documentaires passent directement à la case suivante : comment sont-ils capables d'adapter ces compétences aux modifications de leur milieu ? Les baleines se mettent à chasser le saumon, les otaries, le thon ; les grillons apprennent à éviter de nouveaux parasites… Attention, toutefois, à ne pas basculer du train fantôme à la fin : la tendance est grande de rejoindre le spécisme comme un chat regagne son panier.

Gare aux charmes de l'« instinct ancestral » des bêtes : souvent, le terme n'est qu'un synonyme de code, et les animaux se retrouvent mécanisés. Rien ne vaut l'intelligence en action, là, maintenant, face caméra. Pour cela, les animaux représentés doivent être individualisés, ce qui n'est pas toujours facile. Dans les documentaires douteux des années 1950-1960, il arrivait que plusieurs animaux soient exploités pour n'en figurer qu'un à l'écran, dans la fiction comme dans le documentaire. Comme les procès de truies au Moyen Âge, c'est un bien (l'individualisation) pour un mal (ici, l'exploitation de plusieurs individus plutôt que d'un seul). La technologie aidant, il est devenu plus simple de repérer un individu et de le suivre à l'état sauvage.

Dans le sud-ouest de l'Ouganda, une équipe de tournage court dans les pattes d'un clan de chimpanzés habitués à sa présence. La période d'accoutumance au gros œil noir des objectifs est passée, et il devient possible d'assister à leurs occupations quotidiennes dans la jungle, parmi lesquelles la guerre. La rencontre entre primates rend possible une proximité dont profitent les valeurs de plans : partout resserrés sur les visages, comme si l'on filmait des humains. Avec une conséquence : nous apprenons à distinguer les physionomies. Rien n'est plus précieux, dans le cheminement vers le monde intérieur des bêtes, que d'apprendre à les distinguer de l'extérieur. C'est un premier pas fondamental. Les gros plans scrutent ce qui se joue dans le regard des chimpanzés, dont on se demande alors comment nous avons pu douter qu'il s'agisse de personnes. Lorsqu'ils dévorent la viande, résultat de leur chasse, aucune voix off n'émet de jugement, la faire cuire ou non ne changeant pas grand-chose au fond de l'affaire. Le deuil est filmé en direct lorsque l'un des membres du clan découvre le corps d'un proche. Là encore, pas de doute. Les humains cherchent à comprendre ce qui s'est passé, mais les chimpanzés aussi, avides de sens autant que nous.

Il arrive pourtant que des documentaires dans lesquels des animaux sont morts, parfois face caméra, se voient dédicacés à la mémoire d'un humain… sans un mot pour les victimes animales. N'est-ce pas là une autre des manifestations d'une crainte injustifiée de réveiller quelque divinité furieuse, sinon en apportant de l'aide aux animaux sauvages, du moins en rappelant leur mémoire ? Ce serait un beau geste, je trouve.

Je est une vache prolétaire

Les récits présentant les animaux différemment ne manquent pas. Récemment, on a vu une vache filmée comme une prolétaire, dans un élevage. L'habillage sonore du film évoquait la monotonie des supermarchés où travaillent les caissières. Il n'en fallait pas plus pour faire de l'épuisement de l'animal un épuisement humain, lisible, compréhensible, partagé. On a vu un âne joué par sept acteurs, tous nommés au générique et remerciés par le réalisateur, récompensé par un prix.

On a vu une truie filmée dans un noir et blanc de star hollywoodienne longuement chercher ses petits que l'on venait de lui prendre, s'adressant même à l'équipe du film ; deux cinéastes sympathiser avec une vache et demander à ses gardiennes pourquoi, finalement, elles l'ont mangée ; un cuisinier remuer ciel et terre pour retrouver son cochon truffier ; une brebis réclamer le bébé hybride que des éleveurs lui ont pris… Généralement, les films dont le titre est un prénom d'animal ou le nom d'une espèce au singulier sont les plus intéressants. L'attention portée au vécu des animaux dans l'élevage, plus encore qu'à l'impact écologique de celui-ci, fait également surface ici et là dans des films pour enfants où des animaux cherchent à s'échapper d'élevages où ils étaient pourtant massés et choyés (quand la critique de la société du spectacle et de la société de consommation rejoint le souci de défense des animaux d'élevage).

Pour que le cinéma documentaire s'approprie la conception antispéciste de l'animal, il faut qu'il se débarrasse de la voix off pour laisser le champ libre aux plans larges et à la compréhension par l'image de ce qui se joue dans le regard des sujets filmés. Qu'il fasse primer l'individu sur l'espèce, l'esprit sur le corps, les habitudes sur le métabolisme. Que les interactions positives avec d'autres espèces soient valorisées, plutôt que la seule prédation, qui occupa les gros titres pendant des décennies, et que la présence de l'équipe de tournage ne soit pas nécessairement tue : les animaux savent qu'on les observe, les voir réagir à la présence des caméras – et s'y habituer ou non – est aussi précieux que de les voir mener leur vie habituelle.

Je est un chien sautillant aux côtés d'un rhinocéros traversant mon village. Derrière moi, un humain porte une caméra et capte la scène. Je ne m'en préoccupe pas : lui, je le connais ; le rhinocéros, non. C'est un animal énorme et placide, que je n'ai jamais vu d'aussi près. Je veux connaître l'odeur de ses naseaux, de sa langue, de son postérieur ; je veux savoir ce qu'exprime son regard et, parce que les humains m'ont habitué à la bonté, j'ai envie de jouer avec ce nouveau venu.

Je est un renard prenant en sympathie le seul humain venu camper au milieu des grizzlys, une pieuvre qu'un plongeur a apprivoisée, un éléphant orphelin adopté par un couple d'Indiens endeuillés qui me traitent comme leur fils…

Les interactions entre humains et animaux sauvages, ou entre animaux sauvages et animaux domestiques, forment un nouveau paradigme du cinéma animalier, à rebours de l'idée spéciste qu'un animal sauvage est forcément dangereux, programmé pour tuer ou pour fuir. Si nous voulons oublier les rouages de Gaïa pour rencontrer les animaux, c'est ce genre de récits dont nous avons besoin.

6.
HISTOIRE DE NOS MAUVAIS RÉFLEXES

Tout enclos n'est pas mauvais à prendre. Qu'il s'agisse de Sandra, l'orang-outan d'Argentine, ou du lynx de l'Orangerie de Strasbourg, aucun de ces animaux n'a été relâché en liberté. L'une vit désormais en Floride, l'autre dans un parc en Bavière, à la frontière de l'Autriche. Des années de séquestration ont rendu ces animaux dépendants de notre aide : assumer nos fautes, c'est endosser la responsabilité de leur offrir, dans le cadre de nos territoires, une existence heureuse. Il en va de même des chats d'appartement, à qui l'on épargne ainsi l'euthanasie ou la cage des refuges, ou de certaines personnes humaines, très jeunes, très âgées ou neuroatypiques, qu'il serait cruel de laisser se débrouiller et pour qui la liberté absolue ne serait pas un gage de bonheur. Ce n'est pas, cependant, ce que nous pensons spontanément. Notre réflexe consiste à nous dire que tous les animaux méritent la liberté. Et nous revoilà tournant le dos à ce qu'ils sont vraiment, des individus et non des espèces, et ce qui est bon pour les secondes ne l'est pas nécessairement pour les premiers.

Je est une orque séquestrée à Mexico : devenue star hollywoodienne, me voilà transférée dans un centre de réadaptation, puis libérée dans mes eaux norvégiennes natales, où je mourrai de pneumonie après avoir oscillé entre la fréquentation de clans sauvages et celles des humains qui s'occupent encore de moi. Je est un lapin d'élevage : exfiltré par des militants animalistes, je regarde avec horreur les prés que nous traversons, où vivent pourtant des lapins de garenne ; en ce qui me concerne, le bonheur m'attend dans un sanctuaire, au centre d'un enclos me gardant des renards. Je est un chat dont le jardin jouxte une route très fréquentée. Je ne sors jamais sans être surveillé, et j'ai dû m'habituer au harnais. Je est un poisson rouge dans un bassin de fête foraine. Quand une fillette remportera la prochaine partie de pêche aux canards, je serai plongé dans un sachet plastique, puis dans un bocal. Je ne réclame pourtant pas une liberté totale, mais un étang ou une mare, une eau claire, et de la compagnie. Enfermé dans un bocal, je ne souffrirai pas seulement de la piètre qualité de mon eau, mais j'aurai bel et bien conscience de mon ennui et du vide absolu de mon existence solitaire.

Pour regarder ces individus en face, nous devons nous poser la question de ce qu'ils sont, eux, uniques, avec toutes leurs spécificités. Si nous sommes encore si loin des bêtes, et si loin de leur rendre la planète qui les vit apparaître et s'épanouir, ce n'est pas parce que nous pensons délibérément à mal. Que notre domaine soit la politique, la philosophie, le droit ou l'art, nous subissons avant tout l'emprise de réflexes spécistes que nous n'avons jamais pris la peine de déconstruire. C'est le moment.

Je est un saumon revenu dans l'Allier depuis le Groenland

Plongé dans son sachet de plastique, un poisson rouge se souvient de la bassine d'où on l'a tiré ; plongé dans un bocal, plusieurs heures après, il s'en souvient toujours. Les poissons n'ont pas une plus mauvaise mémoire que n'importe quel autre être conscient : le sens de l'expression « avoir une mémoire de poisson rouge » n'est pourtant un mystère pour personne. Pourquoi ce stigmate-ci s'est-il spécifiquement abattu sur eux ? Poissons noirs, poissons blancs, poissons rouges, poissons verts, poissons bleus : c'est encore une question de représentation mentale. Le poisson s'incarne en effet de trois manières : dans un bocal, dans un aquarium ou dans une assiette. Nous n'avons pas appris à nous représenter les poissons sauvages (anguilles et saumons voyageurs, poissons-clowns casaniers, requins multiséculaires...) et, parce que nous n'aimons pas être cruels, nous nous figurons que le poisson enfermé n'a pas conscience de l'être. La preuve : il ne cherche pas à sortir, et se comporte plus ou moins de la même manière au premier jour de sa claustration qu'au centième (s'il n'est pas mort d'ici là). C'est donc qu'il oublie. C'est parce que nous imaginons le poisson dans son bocal plutôt que sa barrière de corail que nous nous autorisons à parler de « mémoire de poisson rouge », sans quoi l'expression nous paraîtrait aussi absurde que « plaisir de dromadaire » ou « prudence de mouette », et nous ne l'utiliserions jamais.

Je est un saumon. Éclos dans l'Allier, près de Vichy, j'ai passé ma vie dans les eaux salées du Groenland. Ayant miraculeusement échappé aux pêcheurs de tous pays, je remonte désormais vers le cœur de la France pour frayer à mon tour ; si je retrouve le chemin de ma rivière natale, c'est parce que je me souviens du goût de l'eau. Là-haut, dans les mers boréales, j'ai croisé des requins vieux de deux siècles ; ils ne faisaient pas grand-chose de leurs souvenirs, mais ils nageaient avec eux, précieusement amoncelés dans leur crâne cartilagineux. En chemin dans l'eau douce, ce sont des anguilles que je croise ; elles gardent la mémoire des Sargasses, non loin des Caraïbes. Elles ne me le diront pas, mais elles peuvent avoir croisé, au fil de leurs voyages, des anémones où vivaient des poissons-clowns, eux-mêmes parfaitement capables de se souvenir de l'anémone qui était la leur.

Nous n'avons pas délibérément choisi de mettre en bocal la seule espèce de poissons dénuée de mémoire : nous avons décidé, a posteriori, que celle dont nous avions fait un animal de compagnie n'avait pas les compétences cognitives pour nous en vouloir.

Je est un jeune activiste des années 2010. Au terme d'une conférence donnée par une philosophe antispéciste, je prends le micro pour poser une question, et m'excuse au préalable : « Je ne veux pas dire d'ânerie, mais… » Me sachant entouré d'animalistes, je rectifie aussitôt : « Pardon, c'est une question bête ! » Encore pire ! Cuisant échec. Je rends le micro, mortifié.

Nous héritons, a fortiori en français, d'un langage forgé par le spécisme ; pas évident de s'en détacher. Nos paroles peuvent servir de cache-misère, à commencer par le mot « viande », qui permet d'oublier que les supermarchés abritent dix mille fois plus d'animaux que les zoos. Ce n'est pas très honnête et, pour cette raison, si nous voulons espérer savoir qui sont les poissons rouges, les sardines, les vaches ou les cochons, nous devons nous souvenir que notre langage a parfois été conçu pour nous faire accepter, même à doses homéopathiques, le malheur des animaux.

Je est un raton laveur pas plus instinctif qu'un humain

Nous acceptons d'ores et déjà de refondre certains termes, trop visiblement spécistes. Les « animaux nuisibles » cherchant à vivre près de nous et de nos cultures sans pour autant nouer des relations avec nous ont été rebaptisés « espèces susceptibles d'occasionner des dégâts » par la loi, et « animaux liminaires » par les militants pour une gestion non létale de leurs populations. Ce sont les coyotes, les corneilles, les ratons laveurs, les sangliers, les belettes… Dans tous les domaines, n'hésitons pas à travailler notre langage au corps. Plus anodine, omniprésente, mais tout aussi venimeuse, l'expression « être humain » consacre l'exception humaine et couronne le spécisme avec la suffisance d'un Napoléon sur la toile de David. Nous ne disons pas « être coyote », « être corneille » ou « être raton laveur ». Pourtant, les mots « être » et « humain » nous jaillissent ensemble de la bouche avec la facilité d'un proverbe, bien que leur alliage ne soit pas beaucoup plus rance que cette habitude de dire « homme » pour parler de l'humanité.

La lutte contre le sexisme ne saurait s'accommoder d'une normalisation du masculin pour l'universel, et l'on commence tout juste à entrevoir le ridicule qu'il y a à parler d'homme pour désigner les femmes aussi, tant leur expérience de la vie peut être différente. De la même manière, une oreille antispéciste ne peut que siffler en entendant l'expression « être humain », tout particulièrement de la part de défenseurs de la faune. Quel besoin d'affirmer, comme ça, discrètement, en une syllabe supplémentaire de rien, notre prétendue différence ontologique ? En employant « humain » plutôt qu'« être humain » – ce que je fais depuis le début de ce livre, vous l'aurez sans doute remarqué –, nous contribuons à pousser l'espèce qui est la nôtre hors de son délire suprémaciste. Il y a les coyotes. Les corneilles. Les humains. Les ratons laveurs. Etc. L'idée que les humains sont des « êtres », à l'inverse des animaux, procède de considérations pseudoreligieuses, de cette idée que, du fait de notre pensée abstraite, nous serions capables d'être des êtres là où les animaux se contenteraient d'incarner « bêtement » leur corps. Nous bénéficions aujourd'hui de suffisamment d'études, d'anecdotes et de vidéos pour savoir que c'est faux.

Un autre mot vient généralement consolider, l'air de rien, l'exceptionnalité supposée de notre intelligence : l'instinct. Présent chez l'humain, il est volontiers associé à sa part animale, à ses manières de réagir « sans réfléchir », comme s'il existait chez nous une portion congrue d'instinct au milieu d'un océan de rationalité. Corollaire de cette croyance, on se figure facilement qu'il existe chez les animaux une portion congrue d'intelligence, îlot dans un océan d'instincts, et l'on s'étonne de la voir à l'œuvre. Un animal se comportant intelligemment, ou à une vitesse qui bluffe nos quelques neurones, sera toujours soupçonné d'avoir agi instinctivement. Des siècles de documentaires animaliers enfoncent le clou, tandis que les éleveurs, a fortiori dans l'intensif, sont trop heureux de pouvoir y recourir pour mieux nier l'intelligence et l'agentivité de leurs victimes, c'est-à-dire leur capacité à réfléchir et à choisir, pour elles-mêmes, ce qu'elles préfèrent. Pas question ici de nier l'existence de processus innés chez les animaux : je est une tortue de mer sortie du sable. Alors que je pourrais très bien y rester, je m'élance dans la direction de la mer, pas de la jungle, en dépit des crabes et des oiseaux qui dévorent mes frères et sœurs partis devant moi. J'ai éclos il y a quelques minutes, creusé jusqu'à l'air libre, à la verticale, moi qui ne connaissais rien d'autre que le contrôle de mes nageoires et ma volonté d'atteindre l'air libre, n'ayant jamais connu mes parents, n'ayant donc rien appris d'eux pendant ma gestation, contrairement à certains oisillons, qui retardent leur éclosion en fonction des pépiements venus de l'extérieur. Je suis sortie seule, et j'ai obéi à quelque chose que l'on peut, oui, appeler l'instinct. Non pas, cependant, du fait de mon animalité, du fait qu'agir sans penser serait, chez moi, une caractéristique attendue, mais simplement parce qu'on ne peut pas l'expliquer autrement.

L'autre condition que je pose à l'usage de l'instinct, c'est de se souvenir qu'il en existe un chez l'humain, que notre langage spéciste a opportunément nommé autrement, pour nous distinguer, comme d'habitude : je veux parler des pulsions. L'instinct des animaux serait inscrit dans leurs gènes, là où les « pulsions » procéderaient chez nous de mécanismes inconscients complexes ? Non, toujours pas. Rien ne justifie que nous puissions être spéciaux à ce point.

Hypnotisés par ces histoires d'animaux soumis à leur instinct – ou à leurs pulsions, ce qui revient au même –, nous nous approprions la raison et feignons de trouver insolites ses incarnations dans d'autres corps que le nôtre. Nous nous imaginons que les animaux ne sont que leur ADN, et que la personnalité, comme l'intelligence, n'occupe en eux qu'une portion congrue. Une panthère en vaut une autre : telle est la leçon des zoos (ou « bioparcs animaliers »), qui ne donnent guère de prénom à leurs animaux que parce qu'ils ont la particularité d'être quelque part, non d'être quelqu'un. Je est Olaf, l'ours polaire d'Amnéville, et vous n'apprendrez rien de moi, sinon que je suis un ours polaire, et que je ne peux pas quitter Amnéville.

Je est un ours kodiak restant à distance raisonnable des villes

Dans les zoos, les vitres pourraient être des écrans : usés par le regard de millions de visiteurs, les animaux deviennent insensibles à toute forme de rencontre. D'ailleurs, de telles institutions spécistes ne vendent que de simples coups d'œil volés sur les échantillons d'un monde appelé « nature ». La nature ! Cette idée, cette chose dont les humains seraient les premiers, et les seuls, à s'être libérés ! Je n'ai pas la moindre idée de ce que cela veut dire : j'aurai toujours besoin d'oxygène pour vivre, que je sache, et je ne peux toujours pas voler comme Peter Pan. Pour quelqu'un d'affranchi de la nature, c'est décevant.

On l'aura compris, l'animalisme n'est pas forcément opposé à l'humanisme : tant que ce dernier s'applique à toutes les personnes, et pas seulement aux personnes humaines, il fait parfaitement l'affaire des bêtes. S'il fallait nommer un courant plus franchement incompatible avec l'animalisme, ce serait le naturalisme, grand mot désignant la tendance à recourir à la nature pour parler des animaux. Tout comme « mémoire de poisson rouge », « nuisible », « être humain » ou « instinct », ce mot-là est un repoussoir. En l'employant, nous nous isolons, à notre corps défendant.

Deux canards endormis au bord de la Meuse ? La nature.

Une chenille sur mon balcon ? La nature.

L'ombre d'un arbre sur un chemin de terre ? La nature !

Trois vaguelettes au bord du lac d'Annecy ? La nature !

Nature noire, nature blanche, nature rouge, nature verte, nature bleue : quand nous nous exclamons « La nature ! », à quoi pensons-nous exactement ? Aux parcs en ville ? Aux champs autour des villes ? Aux réserves ? Aux forêts primaires ? Où situons-nous la frontière, à quel moment un territoire cesse-t-il d'être la propriété des humains pour devenir celle des animaux ? Un haut-fourneau hérissé de tuyères, ce n'est pas la nature, certes, mais que dire des potagers ? Des oliveraies, des champs d'amandiers… ou de palmiers à huile ? Dans tous ces cas, l'humain plante et récolte. Il décide. Il façonne. Tout comme il a su faire fondre la banquise en été. La nature est un concept fourre-tout, et n'indique rien d'aussi précis, ni d'aussi précieux, que les mots « habitat » ou « territoire ». Habitats animaux, habitats humains : sachons d'abord partager ces territoires. Ceux-ci peuvent être des espaces artificialisés, agricoles, forestiers, des sanctuaires, des espaces en libre évolution, peu importe. Dans tous les cas, animaux et humains les occupent et, surtout, ils s'en occupent. Car leur vie en dépend. La nature est partout, la nature n'est nulle part.

Humains ou non, les êtres conscients cherchent leur place au soleil, là où bon leur semble. Cette place devrait pouvoir être celle qu'ils désirent, tant qu'ils y vivent en bonne intelligence, sans tout détruire. C'est ainsi que les perruches à collier ont pu s'installer dans les métropoles françaises à partir des années 1970. C'est aussi ce qui justifie de parler de territoires, habités et transformés par des individus de différentes espèces, que ce soit pour désigner Montpellier ou la Laponie, évitant par là d'invoquer, comme une sorte de Terre promise, la nature. L'antinaturalisme, c'est cela, c'est se méfier d'un mot lourd de parasites, le premier d'entre eux tenant à l'idée d'une frontière absurde entre « notre » monde décadent et le vrai, le juste, le pur. Quand bien même il ne servirait qu'à décrire un décor, lacs, montagnes, conifères, il suggère l'existence d'un monde magiquement harmonieux et équilibré opposé au nôtre. C'est de cette opposition que nous devons nous déshabituer, car les animaux en pâtissent, sauvages comme domestiques.

Eux qui ne demandent qu'à mener leur petite existence semblable à la nôtre, les voilà embringués malgré eux dans cette idée de nature, fondus dans le décor ou émanant de celui-ci. Un examen superficiel de Padmé et de Phœbe, chatte et lapine de leur état, pourrait mener à la conclusion que ce sont deux animaux, avec leur pelage, leur quadrupédie et leur refus catégorique de s'exprimer en français. On s'exclamerait alors en les voyant, qui faire ses griffes, qui manger ses cæcotrophes : « La nature ! » Drôle de nature alors, extatique sur un canapé ou un plaid. Voilà pourquoi les questions de territoire me semblent plus pertinentes. Il a fallu quelques semaines à ces sœurs interspécifiques pour apprendre à partager, se mettre d'accord sur les horaires, ne plus craindre d'être spoliées à jamais quand l'une s'alanguit sur la couche de l'autre, etc., et il nous aura fallu quelques semaines, à ma compagne et à moi, pour accepter de céder à la lapine le coin de tapis qu'elle revendiquait comme emplacement de sa litière. De la même manière, comment une vache et un grizzly peuvent-ils chacun évoquer la nature ? Parce qu'ils ne parlent pas non plus ? Évidemment qu'ils communiquent. Parce qu'ils ne sont pas humains ? Nous n'avons que des organes en commun, internes et externes ; jusqu'à la façon de nous reproduire, tout est identique.

Je est un ours kodiak. Sur mon île au sud de l'Alaska, je ne fréquente pas d'humains, simplement mes semblables, adultes ou juvéniles. Il m'est arrivé de recroiser des oursons que j'avais élevés, brèves rencontres pacifiques, apaisantes. Je connais les élans du coin, il m'est arrivé d'en tuer un, mais je ne recommencerai pas : la lutte fut éprouvante, et je préfère l'exercice consistant à gifler des saumons bondissants pour les envoyer voler sur la berge. Oserai-je dire qu'eux aussi comptent parmi mes fréquentations ? Je vois bien que ce sont des animaux : il m'est arrivé de croiser leur regard avant de leur arracher la tête. J'aperçois parfois des motoneiges au loin ; je les évite. Il m'arrive de traverser des routes, d'observer le passage des camions. Rien ne me sépare de ce monde-là et je pourrais, si je le voulais, entrer dans les villes. Si je ne le fais pas, c'est que rien ne m'attire là-bas. Je ne vais pas me mettre à courir après les moineaux ni à lécher la sauce des burgers abandonnés sur le macadam des parkings. Et qu'y ferais-je ? Je ne connais personne.

Si nous étions honnêtes, nous considérerions la vache comme un être culturel, une urbaine, une citadine, une villageoise pour les plus chanceuses, un être social et citoyen vivant en relation constante avec la société humaine et notre civilisation, tandis qu'il pourrait à la rigueur sembler que le grizzly ou l'ours kodiak, eux, vivent dans un autre monde, indépendamment de nos règles. Pourtant, ce n'est pas ce qui se passe, et nous racontons volontiers n'importe quoi chaque fois que nous associons un animal à la nature, qu'il s'agisse d'un chat qui dort avec nous en permanence ou d'une baleine à bec de Blainville qui passe sa vie dans les abysses et ne croisera jamais d'humains de sa vie.

Je est un bélouga qui n'est personne, contrairement à son fleuve

Tout en affirmant qu'il est nécessaire de changer notre vision de la nature, de nombreux activistes écologistes et animalistes ont encore recours à ce mot-là pour désigner ce qui appartient aux animaux. Selon la vision héritée des générations passées, la nature désigne en effet ce que les humains considèrent comme la chose de personne, appropriable et exploitable à merci. Malheureusement, cette vision du monde est inhérente au mot « nature », incluse dans le code source, si bien que même les plus critiques de ses détracteurs finissent par réemployer le terme qu'ils venaient de rejeter. Or, il faut choisir : soit le mot « nature » est inoffensif, ne veut rien dire de précis et sert platement de jingle musical aux textes écolos, soit c'est le cheval de Troie de l'anthropocentrisme et ses occurrences rejouent implicitement la partition toxique entre l'humanité et la nature. Si tel est le cas, apprenons à le remplacer par d'autres mots plus précis, plus précieux… moins spécistes.

Sur une plage déserte, nous ne sommes pas dans la nature, mais sur le littoral, avec le vent, la mer, le sable, les roseaux, près d'huîtriers-pies qui en jouissent autant que nous. Dans les forêts, nous voilà sous les frondaisons, les pieds dans l'humus, la main sur l'écorce ; au loin, un pivert sculpte son prochain logis. En écrivant « nature » pour désigner ces lieux, nous excédons la description : nous écrivons « séparation ». Cette séparation est séduisante car, ce que nous recherchons sur le littoral ou dans les forêts, c'est justement un refuge, un isolement, mais s'il importe d'affirmer qu'il n'existe pas de séparation entre la nature et nous, alors le terme n'a aucune raison d'être, et il faut dire autre chose.

En son nom, nous nous retrouvons dans des situations étranges. Je est un bélouga du Saint-Laurent, au-delà de

Sept-Îles, du côté d'Anticosti. Il m'est déjà arrivé d'écholocaliser cet individu légèrement différent, doté d'une longue défense torsadée à l'avant du visage, oui ; mais ce n'était pas mon groupe. Je sens parfois le passage de la rivière Magpie devant son embouchure ; cette rivière est une personne morale, dotée d'une personnalité juridique. Pas moi. Vous en avez entendu parler : certains fleuves ont été reconnus comme des personnes morales. Ce mouvement, qui se revendique en faveur des « droits de la nature », est généralement mené par les peuples autochtones. En Nouvelle-Zélande, la rivière Whanganui est une personne morale depuis 2017 ; aux États-Unis, c'est le cas de la Klamath depuis 2019, et au Canada, celui de la rivière Magpie, sur la côte nord du Québec, depuis 2021. À ces dernières, on reconnaît des droits fondamentaux : vivre, exister, couler. Les animaux qui vivent dans ces rivières ou grâce à elles apprécieront certes de les voir devenir des réserves protégées, mais quel message leur adressons-nous en conférant le statut de personne morale à des masses d'eau tout en les négligeant eux, personnes bien physiques ? En France, l'association antispéciste Paris Animaux Zoopolis a ainsi fait sanctuariser la darse du Rouvray, dans le canal de l'Ourcq, non par souci de la nature, mais au nom des animaux liminaires qui y vivent : canards, cygnes, foulques, poissons… La pêche y a ainsi été interdite. Je est un gardon parisien. Je n'ai aucune idée de tout ça. Ce que je sais, en revanche, c'est que plus rien ne cherche à me sortir de l'eau.

Je est un singe laineux pris pour une déesse

Je est une femelle singe laineux native de la forêt vierge, en Équateur. Je suis kidnappée dans mon enfance, encagée, maltraitée, puis vendue en 2001 à une famille qu'un animal domestique différent amuse. Ces gens savent, cependant, qu'il est illégal de « posséder » un singe laineux : me voilà enfermée le plus clair du temps. Finis les arbres et les rivières. Je ne suis pas malheureuse pour autant : mes geôliers me considèrent comme un membre de la famille. L'idée que je puisse souffrir de la claustration ne prendra jamais l'importance qu'elle aurait méritée : le spécisme autorise ce genre d'omissions. Parce que je suis un animal, on se permet de douter, l'air docte, de ma vie intérieure. Un jour, un voisin m'aperçoit ; me signale aux autorités. Quelques heures plus tard, je quitte ma cage dorée pour la première fois depuis dix-huit ans. Mon traumatisme est énorme mais, souvenez-vous, je suis un animal : personne ne se soucie de ma vie intérieure. Singe laineux, je devrais être dans la forêt vierge ; ma place est donc dans un zoo en attendant de voir si je peux être relâchée. Peu importent les souvenirs et les liens, même pervers, qui pourraient m'avoir unie à ceux qui me gardèrent en vie toute mon existence.

Estrellita, c'était son nom, ne survécut pas à sa libération. Pourtant, trois ans plus tard, la cour équatorienne statuait toujours à son sujet : ayant considéré que les autorités étaient responsables de la mort de leur animal de compagnie, la famille porta plainte. On a déjà parlé de Sandra, femelle orang-outan séquestrée dans une cage en Argentine : c'est en partie en établissant qu'elle était une « personne non humaine » que le Non Human Rights Project du regretté Steven Wise put obtenir son placement dans un sanctuaire en Floride. Mais les orangs-outans ne vivent pas à l'état sauvage en Argentine. Les singes laineux, eux, sont natifs d'Équateur. Ce n'est donc pas en établissant qu'Estrellita était une personne non humaine qu'il fut possible de la libérer, mais en passant par les droits précédemment accordés, par les juges, à la Pachamama, la « Terre-mère ». À la suite, notamment, des pollutions infligées par Texaco Chevron aux écosystèmes équatoriens, les avocats d'Estrellita mobilisèrent un article de la constitution selon lequel la Pachamama bénéficiait du droit au plein respect de son existence.

Il ne s'agissait pourtant pas de la Pachamama, mais d'Estrellita. Ce sont ses « impératifs biologiques » à elle, singe laineux, qui importèrent pour constater que son intégrité avait été bafouée. Dans la forme, il s'agissait de dire que l'on respectait la nature… Dans les faits, c'est d'une personne non humaine que l'on se préoccupa. Des procès similaires pourraient voir le jour en Nouvelle-Zélande aussi, où le roi des Maoris réclama, en 2024, que les baleines bénéficient des mêmes droits fondamentaux que les humains, à commencer par celui de vivre dans un environnement sain. Les pollueurs, surtout, se retrouveraient ainsi sur la sellette juridique. On ne risque pas de trouver une baleine franche chez un particulier.

Dans le cas d'Estrellita, les droits de la Pachamama se sont révélés pratiques. Dans l'immense majorité des cas, cependant, les individus non humains se retrouvent plongés dans une sorte de bouillie conceptuelle qui les indifférencie, et nous amène à déplorer l'extinction des espèces au détriment du ressenti particulier de chacun de leurs membres. Il faut pouvoir défendre les animaux sans recourir au droit de la nature ; on s'en passe bien pour les humains ! Les avocats des animaux gagneraient une puissance de feu considérable. La nature est un boulet spéciste. Nous ne pouvons pas nous permettre de le traîner comme ça.

Je est un âne dans les Cévennes

Je est un âne avec, sur mon dos, 40 kilos de matériel. J'ai chaud. J'ai soif. Je préférerais faire autre chose que le chemin de Stevenson, pour la quarantième fois cet été. Rien, dans ma stabulation, auprès d'autres équidés avec qui j'ai des relations amicales, ne me satisferait pleinement. À mes côtés, une famille humaine, heureuse de n'avoir pas pris l'avion pour ses vacances afin, disent-ils, de laisser « respirer » la planète. Hélas, j'ai l'impression qu'ils me confondent avec elle, et qu'ils se figurent que je « respire » aussi. Ce n'est pas exactement le cas. Et j'ai mal aux jambes.

« Protéger la nature autour de nous, c'est préserver notre avenir à tous ! », indique le père à ses enfants, dégageant précautionneusement un bousier du chemin. Les petits se prennent au jeu : surmontant leur peur des scarabées, ils saisissent tous ceux qu'ils trouvent là où des chaussures ou des sabots risqueraient de se poser, et les téléportent jusque dans les herbes du bas-côté.

On voit ici ce que le terme « nature » peut charrier d'actes manqués ou de lapsus. Nous aimerions parler de protection, d'empathie, d'égalité, mais nous nous retrouvons à nous appuyer sur l'idée que nous sommes au centre, ou que les animaux vivent dans un monde qui ne nous appartient pas, suggérant par là que nous restons bel et bien possesseurs de quelque chose. Voilà ce que le code source du mot « nature » implique, d'anciens réflexes. Par quoi le remplacer, cependant ? Il faut bien dire quelque chose. Comment donner le goût aux jeunes de la sauvegarde des plus vulnérables sur le chemin, de ces êtres conscients d'à peine un centimètre, de l'intelligence desquels ils ne se doutent même pas, sachant seulement qu'ils bougent, vivent et nous ressemblent, avec leurs pattes, leurs yeux, leur ventre et leur dos ?

Je est un lapin blanc dans le Diois

Je est un lapin blanc. Sur le tapis d'herbe entre une vieille remise et une vieille ferme, dans les hauteurs, je grignote l'herbe grasse et les graminées qui poussent pendant la nuit, et m'attendent, toujours dans le même coin, toujours à la même heure. Je connais le grand bipède en tee-shirt jaune qui traîne souvent dans le coin ; il m'adresse, lorsqu'il passe, quelques vocalisations auxquelles je réponds par des frottements de dents satisfaits qu'il n'entend pas. Je ne connais pas, en revanche, le second bipède, aux chaussures de trek et aux cheveux longs. Ils bavardent. Je les écoute.

La ferme d'Yves Bonnardel, cofondateur des *Cahiers antispécistes,* était survolée de vautours, et nous avons aussitôt parlé du fait que nous étions ici sur le territoire des loups. Devant sa porte, imperturbable, un gros lapin blanc grignotait l'herbe rase. Il m'a regardé, puis a repris son snack. « Il habite là, on le voit de temps en temps », a commenté Yves, l'air bonhomme, avant de développer, amorçant le début de notre entretien enregistré, les idées qu'il défendait brillamment depuis le début des années 1990. « La nature n'existe pas », me dit-il. Nous étions dehors. Des nuages gris glissaient au-dessus des vautours. J'avais dix ans de moins qu'aujourd'hui. « Mais alors, comment est-ce que tu appelles tout ça ? », ai-je demandé, désignant les montagnes au loin, les vignes et la lisière de la forêt où nous imaginions des loups. « Ce n'est pas la nature, ça ? » Yves a répondu : « Pff, non. J'appelle ça le réel… le monde. » Il m'a dit que l'idée de nature est prescriptive, pas descriptive, et que les humains s'en servent pour édicter des normes plus que pour parler du réel. C'est une sorte d'argument d'autorité. « Les gens parlent de comportements contre-nature, mais si “nature” était vraiment synonyme de “réalité”, alors ces mots n'auraient pas de sens. Est-ce que quoi que ce soit, par exemple, est contre-réel ? Hein ? » L'éthologie a commencé à découvrir des matriarcats chez les animaux quand des femmes se sont mises à les étudier, tandis que les histoires de domination et de « loi du plus fort » cédaient la place à des récits de coopération et d'empathie. On s'est rendu compte que les ours mangeaient plus de plantes que de viande quand le végétarisme s'est popularisé chez les humains. Depuis peu, on découvre des cas d'homosexualité chez les pingouins, chez les lions… chez mille cinq cents espèces au total, en fait. « La nature selon les humains n'a rien à voir avec les animaux », m'expliqua Yves.

De fait, de nombreux amateurs de viande se réclament de la nature pour justifier leur alimentation carnée, comme ce fut le cas lors du repas pascal de notre premier chapitre : « Oui, mais le lion, le guépard, l'ours polaire… », soit, en somme, « ce n'est pas moi qui ai commencé ». Pur réflexe spéciste consistant à s'identifier aux prédateurs plutôt qu'aux proies. Réflexe spéciste, encore, de se figurer que les carnivores mortifères seraient plus représentatifs de la nature que les animaux frugivores ou granivores, que l'on peut difficilement soupçonner d'attenter à la vie de qui que ce soit. Sur terre, le ratio est d'ailleurs d'un carnivore pour au moins dix herbivores – sans cela, la sixième extinction de masse n'aurait pas attendu l'humanité. La vie animale est majoritairement végétalienne, se nourrit majoritairement de formes de vie non conscientes. Oui, on peut vivre sans tuer ! La nature est un concept obsolète qui date d'une époque où nous pouvions effectivement sortir des sphères d'influence humaine, quand nous n'avions jamais mis le pied sur la Lune, ni cerné la planète de satellites en métal. Il y a un siècle, 84 % des espaces de notre planète étaient inviolés ; en 2024, ces espaces n'étaient plus que 23 %. Lorsqu'ils ne nous appartiennent pas, les animaux, nos contemporains, se trouvent repoussés dans des zones sans ressources ou se changent en clandestins. Ces animaux sauvages sont dix fois moins nombreux qu'avant, tandis que les humains le sont quatre fois plus. Même les baudroies des abysses se retrouvent capturées par notre raclage des fonds marins. Si la nature a existé à une époque, ce n'est certainement plus le cas aujourd'hui.

Si j'étais sur un chemin des Cévennes avec ma femme et mes enfants, je ne demanderais pas à un âne de porter mon sac à dos. Je prendrais garde à épargner les bousiers. Et, en papa soucieux de l'aptitude à l'empathie chez les générations futures, je dirais : « Préserver le monde, c'est préserver notre avenir à tous. » Nul doute que nous nous sentirions plus concernés que si j'avais parlé de la nature environnante. Nous ne serions plus les gestionnaires d'un univers extérieur dont nous serions le centre, mais les parties prenantes d'un édifice comprenant aussi les ânes au loin, dans les prés, les bousiers à nos pieds, les vautours au-dessus de nos têtes et les loups gagnant la France depuis l'Italie.

Je est une couleuvre à collier assoiffée

Habitats, territoires, biotopes, biosphère, monde… Les mots susceptibles de désigner ce que nous appelons depuis toujours « nature » séduisent de plus en plus d'auteurs et d'autrices, comme de familles dans les Cévennes et ailleurs. Aujourd'hui, le mot « vivant » tend à s'y substituer : englobant les animaux et les végétaux, il réunit, comme l'écrivaient les animaux au début de ce livre, « ce dont vous êtes responsables, et qu'il vous incombe d'empêcher de disparaître ». On pourrait ainsi regretter de ne pas y inclure les pierres ou les cours d'eau… Une séduction demeure alors, celle de la poésie. Feignant une humilité teintée de spécisme, un poète traversant les Cévennes pourrait ainsi se sentir plus proche d'un ruisseau que des brebis ou des vaches qui viennent y boire un coup, se sentir vibrer avec le courant de l'eau, ses éclats iridescents, ses habitants vivants.

Je est une couleuvre passée près du chemin où transitent les ânes. Je ne bois pas souvent, mais aujourd'hui, j'ai soif : j'approche du ruisseau, dont ma langue m'indique la fraîcheur, le mouvement, la direction. Ce n'est pas parce que je suis un serpent que je n'utilise que ma langue : ce ruisseau, je l'entends aussi et, m'approchant, je commence à le voir. Autour de moi, des sauterelles détalent, une musaraigne aussi. Soudain, je sens l'eau sur mes écailles. J'entre dans le courant… et laisse l'eau se glisser entre mes écailles.

Ruisseau noir, ruisseau blanc, ruisseau rouge, ruisseau vert, ruisseau bleu. Comment peut-on se sentir plus proche d'une masse d'eau animée par la gravité que d'êtres constitués des mêmes organes que nous ? Qu'ont-elles fait, ces vaches, qu'ont-ils fait, ces moutons, pour qu'un être érudit se reconnaisse moins en eux que dans un ruisseau ? La poésie est à double tranchant. En s'identifiant à un ruisseau plutôt qu'à des mammifères, ce poète préfère la poésie au réel, la mythologie à la rencontre réelle. Cela me fait de la peine pour les vaches et les moutons : comment se sentir plus proche d'un ruisseau que de ces derniers, ou encore des bouquetins, des perdrix… des couleuvres à collier ?

Ce qui importe, c'est de nous méfier des termes et des images qui rendent abstraite l'urgence absolue dans laquelle se trouvent les animaux contemporains. La nature et le vivant sont autant d'entités sans individus. Ce sont pourtant ces derniers, leur chair et leurs peines, leurs pensées, leurs souvenirs qui rendent si précieuse la sauvegarde du monde. On ne sauve pas les forêts d'eucalyptus en Australie parce que nous sommes attachés à l'idée qu'elles existent, nous les sauvons parce que des koalas y mènent leur existence de koala, avec leurs joies et leur sérénité, leurs relations sociales, leurs rêves lorsqu'ils dorment ; nous devons leur éviter de mourir carbonisés. Rien n'incarne l'urgence écologique aussi bien que le corps des animaux, ce serait dommage de nous en priver. Le corollaire, c'est d'arrêter de nous en nourrir. Pour manger un animal, il faut faire abstraction du souvenir qu'il s'agit d'un corps lui appartenant. Ne serions-nous pas, sans cela, terriblement désolés à l'idée de pouvoir manger autant de langues de vache dans les restaurants de cuisine traditionnelle française, dans les Cévennes, à Strasbourg, à Brest, à Toulon, partout et tout le temps ? Nous déplorons que les océans se meurent, et nous mangeons des poissons issus de la pêche durable. Ce ne sont pas les océans qui meurent, mais eux, milliers de milliards d'êtres marins asphyxiés chaque année. Par l'esprit, nous réalisons cette prouesse : noyer le souvenir des poissons dans l'idée de l'océan. Il fallait oser. Nous osons beaucoup de choses.

Pas plus que les océans ne meurent, les zones mortes des mers ne sont pas des zones sans mer. Les océans ne valent que parce qu'ils abritent du monde ; en soi, de l'eau salée n'a aucune valeur. De la même manière, l'eau du désert de Gobi ne vaut que parce qu'elle permet aux dromadaires de s'abreuver. Ce qui se joue en ce moment, et que nous nommons de façon abstraite « sixième extinction de masse », ce n'est que la destruction accélérée du bien-être d'innombrables êtres conscients, et concrets.

Je est une otarie surprise par une orque

« Tout s'agite, tout respire, et tout remue la nuit. / Tout frémit quand tu sors, les galaxies, les corps. / Chaque objet que tu touches a une vie pour lui-même. » Ces vers sont ceux d'un groupe de poètes : le collectif Catastrophe. Comme eux, nous voulons vivre dans un monde habité, pensant. Dans une large mesure, c'est le cas, et cela plus que jamais depuis la Déclaration de New York.

Nous ne vivons pas sur Mars, planète réellement morte, ou Jupiter, planète invivable, mais sur Terre, havre d'eau, de carbone et d'oxygène. Les ruisseaux s'agitent, respirent, remuent la nuit. Les chamois, les perdrix et les couleuvres aussi. Or, ce n'est pas parce qu'une chose est en vie, ou s'anime, qu'elle pense. Ce que cette nuance nous fait perdre en poésie, elle nous le rend en intensité lors de la rencontre : face à une vache, un chamois, une perdrix ou une couleuvre, ou même lorsqu'un bousier sur le dos dans le creux de notre main se retourne sur ses six pattes, nous savons qu'il y a quelqu'un. Une telle préconisation, je m'en rends bien compte, implique de relire l'intégralité de la littérature à l'aune des découvertes sur la conscience des animaux. Les intuitions furent innombrables, mais ne prenons pas au pied de la lettre des textes datant d'une époque où rien n'autorisait vraiment à considérer que d'autres êtres que l'humain peuplaient l'univers.

Que notre position soit centrale ou humblement périphérique, le problème est le même : nous nous retrouvons à part. Ce n'est pas possible. Des chimpanzés aux scarabées en passant par les gardons et les salamandres, nous formons un tout homogène capable d'observer le monde : ruisseaux, montagnes, forêts… Notre lien au conscient compte autant que notre lien au vivant ; pourtant, le second tend à lui voler la vedette. C'est que notre lien au vivant préserve la possibilité de l'ancienne poésie, ménageant une frontière compatible avec notre anthropocentrisme par défaut : que celle-ci se situe entre les êtres conscients et tout le reste, ou entre nous, humains, et tout le reste, nous ne disons rien. Le respect du vivant n'interdit pas de respecter les animaux sans toucher à l'ancienne ligne de démarcation entre nous et ce que nous considérons comme des choses, ou comme des aliments. Il évite, en somme, d'avoir à faire la morale. Parce qu'il déplace la frontière en plein jour et la pose à un endroit où nous pouvons la voir, le respect du conscient implique d'autres responsabilités et nous invite à contempler tout ce qui a changé : voilà que tous les vertébrés, les céphalopodes et les arthropodes se retrouvent de notre côté.

Je est une otarie surprise par une orque. Voilà des années que, sur ma péninsule de Valdès, en Argentine, je vois ce clan de géantes noir et blanc, toujours les mêmes, s'échouer pour saisir nos juvéniles, qu'elles relâchent parfois après s'être entraînées ; ces petits restent alors prostrés pendant des heures avant, faute d'avoir le choix, de reprendre une existence normale. Hantées par nos cauchemars, nous sommes confrontées, régulièrement, à l'arrivée des chasseresses qui leur donnent réalité. Aujourd'hui n'était pas fait comme les autres jours : une succession de microévénements m'a rendue moins attentive qu'à l'accoutumée, et me voilà prisonnière des mâchoires de la matriarche, qui m'arrache à ma plage sous le regard médusé de mon entourage proche. Je hurle, moins pour appeler à l'aide, car je sais qu'il n'en arrivera pas, que parce que c'est ce que font les gens quand ils sont terrifiés et sentent approcher leur fin. Je me débats, mais les dents percent ma cage thoracique, puis la broient ; je ne serai donc pas un jouet, moi qui finirai séparée en deux morceaux, puis en trois, par ces autres êtres sociaux et partageurs ; peut-être finirai-je par perdre conscience à un moment donné. J'aimerais que ce moment arrive le plus tôt possible.

Au même moment, en France, en Europe, là où ce qui m'arrive alimente les documentaires que l'on regarde par curiosité ou par ennui, nombreux sont les écologistes et les écosophes défendant le fait que le vivant ne meurt pas, que le vivant vit, meurt, puis ressuscite, sur le modèle des saisons ou du cycle de la vie. D'aucuns défendent ainsi la consommation de chair, obéissant selon eux à une règle consistant à s'entredévorer gaiement, source du renouvellement incessant des cycles. Ces gens sont éloignés de ce que je vis, moi, à cet instant ; ces gens ne me rencontreraient jamais, même pas en esprit. Entre les mains de milliards d'amateurs de viande, cette mystique de la résurrection ou réincarnation des animaux mangés provoque surtout une hécatombe. Dans leur chemin vers le Nirvana, bien des chairs passent par le barbecue, ce qui me semble louche.

D'autres oublient ce qu'est une vache, fustigeant la vision négative qu'ont les animalistes de l'élevage. Les vaches ne sont-elles pas heureuses au pré ? Ne dansent-elles pas ? Encore une fois, ne perdons pas de vue les usines où nous les envoyons se faire trancher la gorge, puis la langue. On n'y trouvera aucune chorégraphie sinon celle, macabre, que nous imposons à leur corps privé de faire demi-tour.

Je est un numbat heureux

Il n'existe pas une infinité de manières d'être vivant, pas plus qu'il n'existe une infinité de manières de mourir. Bien sûr, nous pouvons dire qu'il existe une infinité de flocons de neige ou de personnalités humaines ; cela ne nous empêchera pas de distinguer des récurrences. Demandez à n'importe quel professeur en fin de carrière : il n'y a même pas trente-six façons d'être humain. À de rares exceptions près, les mêmes élèves reviennent chaque année, changeant seulement de prénom. Ce n'est pas grave – c'est même très bien –, mais cela ne dit rien de leur valeur intrinsèque, et encore moins de la valeur qu'ils accordent, eux, à leur propre cheminement intérieur. C'est la même chose avec les animaux. Nous peinons à reconnaître ce qui distingue une otarie d'une autre ou un numbat d'un autre, or cela ne dit rien de leur valeur intrinsèque, et encore moins de la valeur qu'ils accordent, eux, à leur propre cheminement intérieur.

Ne surestimons pas l'infinité de manières d'être vivant, au risque de nous retrouver submergés par le réel et d'abandonner toute tentative de rester en contact avec. Simplifions. Le numbat est un marsupial d'Australie au nom aussi exotique que son aspect. À bien le regarder toutefois, c'est une souris en quête de termites, dont le comportement est celui de n'importe quel animal… Ne nous laissons pas emporter par notre propension à tout disséquer. Peu importe la manière dont se reproduit le numbat, qui est différente de celle des souris, c'est un détail ; une manière de faire, pas d'être ! Si vous croisez un numbat un jour, vous le verrez se réjouir parce qu'il joue, chercher sa pitance, s'occuper de ses rejetons… C'est l'Australie, mais pas le bout du monde. Ces comportements se retrouvent chez nous aussi.

Si nous voulons, sincèrement, qu'otaries, bousiers, couleuvres et numbats vivent heureux, il n'est pas besoin de préciser que nous souhaitons aussi le bonheur des plantes qui les entourent (elles ne se vexeront pas). Ces feuillages, ce sol, cet oxygène sont absolument nécessaires à l'épanouissement de la conscience qui est celle de ces animaux ; cela suffit à les rendre indispensables. Lorsque nous parlons de vivant plutôt que de conscient, nous prenons, sans raison, le risque de diluer notre empathie à l'égard de ceux qui en ont le plus besoin. Poètes et écosophes « du vivant » recourent volontiers à un néo-animisme, prêtant des esprits à tout ce qui vit, sorte de contrepoids au matérialisme de nos sociétés stupides et capitalistes. Est-il nécessaire, cependant, de renoncer à la rationalité pour réenchanter le monde ? Regardez n'importe quel animal autour de vous, raton laveur, mésange, perce-oreille, regardez-le vraiment, comme s'il n'était rien d'autre qu'une petite conscience dans un autre organisme, sans le juger à l'aune de considérations anthropocentriques telles que l'astrophysique ou la peinture de la Renaissance. Nous partons de tellement loin que cela suffira amplement à ajouter au réel une épaisseur suffisante à tous les émerveillements.

7.
FANTASMAGORIES CONTEMPORAINES

À Brest, la mairie distribue des flyers sur la cohabitation avec les goélands. Leur titre : « Nuisances goélands ». Autant dire que nous ne sommes guère incités à nous émerveiller devant nos voisins capables de voler, sans parler de chercher à faire leur connaissance. Impossible ? Anthropomorphe ? Quittant ma médiathèque un après-midi d'avril, je traverse un parc et dépasse un homme portant, debout dans le creux de sa main gauche, un goéland juvénile, aux ailes encore grisées. Voilà que, devant moi, les frontières entre espèces se remettent à bouger. Je m'approche et écoute la conversation de l'homme avec deux retraitées, qui le prennent en photo. Au bout d'une laisse, un petit chien assis, sans doute intimidé, observe sagement l'oiseau par en dessous.

Je est un goéland apprivoisé par une chienne

Arec a deux ans ; il est borgne. Borgne parce qu'une femme (dont le spécisme n'est pas à démontrer) l'a trouvé un jour dans le vestibule de son immeuble et lui a asséné des coups de balai qui lui mutilèrent un œil. Depuis, Arec ne vole plus. Il reste chez Bernard et Jade, un humain et une chienne, qu'il avait choisi de fréquenter : ce sont eux qu'il venait chercher lorsqu'il tomba sur la mégère qui l'agressa. L'après-midi, Bernard se rend au parc et fait prendre l'air à Arec, au creux de son bras. C'est là que je les ai rencontrés, entourés à la fois de touristes sidérés et de voisines habituées.

C'est un comportement étrange, j'en conviens. Je demande si je peux le caresser. C'est après tout de cette manière que l'on nous a appris, en l'absence d'un langage articulé commun, à saluer les animaux. La caresse vaut une poignée de main, elle signifie que nous venons en paix. Bernard n'a de cesse de valoriser l'agentivité des animaux : c'est sa chienne, me dit-il, épagneule rousse de vingt-trois ans, qui a invité le goéland à la suivre. Elle n'en était pas à son coup d'essai, ayant déjà ramené à la maison une corneille, puis une tourterelle. Ainsi, de même qu'il est revenu à la chienne de choisir son ami, Bernard me répond qu'il suffit de prévenir son protégé : s'il se laisse faire, c'est que j'ai le droit d'approcher la main. Je passe doucement l'index sur les plumes de son cou. Me tenant du côté où il ne peut plus voir, je constate qu'en effet son œil gauche n'est plus aussi bombé que le droit. Il ne bouge pas, et je touche, pour la première fois, l'un de ces oiseaux que l'on nous a appris à voir comme des menaces, ou des videurs de poubelles. Des formes dans le ciel, des cris stridents. Des vols interchangeables. Je savais qu'il en vivait quatre cents couples à Brest, et que les animaux sont des personnes, Padmé et Phœbe m'en apportant quotidiennement la preuve. Pourtant, découvrant ici la personnalité d'un membre d'une espèce inédite tout près de mon visage, j'en éprouve la réalité avec une intensité nouvelle.

Cet oiseau-là a choisi de venir vivre chez cet homme-là, de quitter sa condition d'animal liminaire pour se faire domestique et, lorsque Bernard me montre des photos sur son téléphone, je découvre bouche bée qu'Arec passe ses nuits auprès de Jade, dans son panier. Il lui en a coûté un œil, parce que les humains sont cruels et stupides. Dans un monde idéal, Bernard aurait pu porter plainte pour acte de cruauté, mais les goélands ne sont protégés qu'au titre de leur espèce, pas en tant qu'individus. Il est, de toute façon, interdit d'accueillir un animal protégé chez soi, même si l'initiative vient de lui et même si l'animal en question n'est clairement pas enfermé. Quand Arec voulait sortir avant sa mutilation, me raconte Bernard, il se posait devant la fenêtre de la cuisine, signifiant ainsi son désir de s'envoler. C'est ce genre d'anecdotes qu'il faut garder à l'esprit lorsqu'on nous oppose que les bêtes ne savent pas parler. Rappelons-nous, surtout, que cette intelligence du contact, ce sens de la rencontre, n'est pas l'apanage des seuls animaux domestiques : ils n'ont, pas plus que nous, reçu d'étincelle divine les séparant du reste de la faune.

Nous sommes dehors, il fait grand soleil. Arec déploie souvent ses ailes devant nos visages, et je reçois plusieurs fois ses rémiges dans le nez. Le voilà soudain qui saute au sol, puis s'assied en bayant aux corneilles. « Avant, il volait près de moi. Il a arrêté depuis qu'il ne voit plus comme avant », me raconte Bernard, dont l'objectif est à présent de trouver un moyen de suppléer au handicap d'Arec. De la même manière qu'il met en avant l'agentivité animale, il valorise leur vie jusque dans les cas les plus exigeants, au point d'avoir remué ciel et terre pour sauver sa chienne d'une agression atroce dont, elle aussi, avait été victime. Des humains, toujours.

Invité par Bernard dans son appartement, je rencontre brièvement Jade. Tandis qu'Arec saute sur un bloc de bois posé sur l'évier et entame sa toilette, je salue la toute petite chienne. C'est une vieille dame, qui se réveille d'une sieste et ne me calcule pas vraiment. Depuis toujours, c'est elle qui favorise les amitiés interspécifiques : oiseaux, cétacé. Elle connaît bien Randy, dauphin brestois féru, lui aussi, de contacts avec les animaux, humains compris. Phœbe est trop craintive (et cardiaque) pour descendre jusqu'au port, mais j'ai présenté Padmé à l'ambassadeur paisible de la mer d'Iroise. Randy l'a regardée avec attention ; Padmé, elle, ne s'est pas rendu compte de ce qu'il pouvait y avoir d'incroyable, pour un chat, au fait de voir un dauphin de si près, et elle a fixé un cormoran qui dérivait, plus loin. La rencontre de Jade et de Randy a été plus réciproque : chacun a trouvé sa place dans la mémoire de l'autre. Le soir même, Bernard m'a envoyé par mail une photo floue qu'il était parvenu à prendre alors que l'épagneule était carrément montée sur la tête du dauphin.

Je ne sais ce qui m'émerveille et me bouleverse le plus ici : que ce goéland, lui aussi, ait choisi les rencontres interspécifiques, que cette chienne ait, pour trait de caractère, le chic pour sympathiser avec des oiseaux ou qu'un homme ait la bonté d'écouter tous ces animaux. Je précise que Bernard n'est pas végétarien. Dommage pour les poules et les poissons, certes, mais on ne revient pas de décennies de spécisme ordinaire comme ça. Corneilles, chiens, tourterelles, dauphins et goélands se sont frayé un chemin dans sa vie. C'est déjà tellement plus que la norme, ou que ce que la loi prescrit… Cela change de voir, dans les animaux, des émanations de la nature ou des avatars du vivant : ni l'instinct ni l'espèce ne sont pour quoi que ce soit dans les décisions de ces individus pensants dans d'autres organismes que le nôtre. Le reconnaître, et nous en souvenir, c'est repeupler le monde de milliards d'êtres en plus.

Je est une chauve-souris écoutée pour la première fois

Sur les trois mille siècles d'existence de notre espèce, cela en fait à peine un seul que nous avons conscience de la manière dont communiquent les dauphins, les cachalots ou les chauves-souris, l'ironie voulant que ces animaux risquent précisément l'extinction maintenant que nous les connaissons. Ce n'est en effet qu'après l'invention des sous-marins, et des sonars dont il fallut les équiper, qu'advint la découverte sidérante de systèmes de sonar chez d'autres espèces que la nôtre.

L'année de la création de *Batman* par Bob Kane, en 1938, un éthologue américain âgé de 23 ans publie ainsi dans le *Journal de mammalogie* un premier article sur le sonar des chauves-souris. Tout au long de la guerre, il publiera chaque année sur le sujet. Son nom n'aurait pas juré dans les pages des aventures du héros ailé de Gotham City que lisaient les soldats : Donald Redfield Griffin. Ce génie précoce, étudiant à Harvard, consacra toute la première partie de sa carrière aux intimidants chiroptères, qu'avant lui on n'associait encore, globalement, qu'au mythe de Dracula. Après un passage par l'étude de l'électrosensibilité chez les oiseaux migrateurs, il consacra la fin de sa vie à l'étude de la conscience chez les animaux. L'opposition de ses pairs à l'idée que d'autres espèces que la nôtre puissent bénéficier, non seulement de sonars, mais d'expériences conscientes, fut si vive qu'elle le conduisit à conclure à une profonde aversion philosophique de la part du milieu scientifique : cinq ans avant sa mort, en 1998, il choisit de baptiser « mentaphobie » ce violent dégoût cosmique à l'idée que les chauves-souris pensent. Nous étions alors quatorze ans avant la Déclaration de Cambridge.

Le recours à l'instinct est l'une des expressions les plus courantes de la mentaphobie : dire que les oiseaux ou que le minuscule rat des moissons construisent leurs nids par automatisme, c'est une façon de nier la quantité d'opérations cognitives nécessaires à de tels ouvrages. Outre le fait d'amener à prendre les animaux pour des simples d'esprit, ce réflexe spéciste a deux conséquences majeures : nous tendons à douter que l'intériorité des bêtes diffère tant que cela de celle des végétaux ; nous nous racontons que, moyennant quelques rituels, abréger leur existence ne pose pas de problème moral. Je est une chauve-souris, un agneau, une alouette, je est une mante religieuse, une truite, un campagnol, et je crains de n'avoir d'autre choix que d'exposer ici mes quelques objections.

Je est une fourmi sur une plante carnivore

Minimiser la conscience des animaux permet de la confondre avec la sensibilité des plantes. La « sentience », mot rarement employé pour parler des humains, ne peut donc pas être si éloignée de la sensibilité de ces autres éléments de la nature, de ces maillons du vivant que sont les plantes. La relative nouveauté du terme laisse hélas la porte ouverte à d'étranges usages, et l'on a cru parfois reconnaître de la sentience, et non de la sensibilité seulement, dans le mouvement des tournesols, par exemple, dans les phéromones d'alerte des acacias ou chez les bien nommées sensitives, ces adorables petites fougères réunionnaises qui se recroquevillent lorsqu'on les touche du doigt. C'est l'une des raisons pour lesquelles le mot « nature » est à double tranchant, comme la poésie : dans la nature, animaux et végétaux se trouvent réunis (avec les minéraux) ! De même, végétaux et animaux se trouvent réunis sous le terme « vivant ». Dans tous ces cas, la conscience des animaux – ce qui fait qu'un gouffre cognitif les sépare des plantes, quand un pédiluve à peine les sépare de nous – est mise de côté.

Nous prêtons volontiers, malgré nous, de l'intentionnalité aux végétaux. C'est ainsi que nous expliquons le monde, y compris dans les ouvrages scientifiques. C'est comme ça. Nous nous disons que, si les plantes sont ce qu'elles sont, c'est parce qu'elles l'ont voulu ; tout comme un humain peut choisir de se faire tatouer ou un goéland de fréquenter une épagneule. Nous confondons par là deux forces distinctes : la raison évolutive, qui permet à un organisme de s'adapter à son milieu au fil des générations, et la raison cognitive, qui procède d'opérations cognitives conscientes. La raison évolutive est ce qui a poussé une plante carnivore de Bornéo, *Nepenthes bicalcarata,* à s'adapter aux fourmis *Camponotus schmitzi,* qui la fréquentent, en ne sécrétant plus la cire glissante qui aurait nui à leur symbiose. Cette raison évolutive n'est pas exactement une « raison », le terme est encore une fois faussé, teinté de zoomorphisme, mais il désigne bien le processus qui modifie le code génétique de tout ce qui vit, végétal ou animal, et échappe à son contrôle conscient. C'est le processus qui amène un colibri à avoir un bec de la taille exacte des fleurs qu'il butine, ou celui qui amènera nos descendants à supporter d'avoir les yeux rivés sur des écrans de lumière artificielle sans finir presbytes à trente ans. Bref, on ne va pas refaire Darwin, qui avait tout compris à ce sujet comme en témoigne *l'Origine des espèces*.

Un autre ouvrage de Darwin, *l'Expression des émotions chez l'homme et les animaux,* est plus rarement compris. « Chez l'homme et les animaux », écrit-il, pas chez les végétaux ! Car il est question ici de raison cognitive, c'est-à-dire de ce qui se passe dans notre tête, que nous soyons fourmi, alouette, humain ou campagnol. C'est ce que nous choisissons de faire, volontairement, du corps tel que nous l'avons reçu à la naissance. Cela ne concerne pas les plantes pour une raison somptueusement simple : la « raison » évolutive leur a suffi pour survivre. Elles n'ont jamais eu besoin de développer de conscience en plus de leur sensibilité. J'aimerais écrire qu'elles sont très heureuses comme ça, mais ce serait replonger dans cette forme de zoomorphisme dont il est difficile de se défaire, car notre espèce, et ses miroirs plein la conscience, aime ajouter des jeux de reflets plein le réel, se reconnaître partout en dehors d'elle-même. Nous reconnaissons notre conscience dans la colère des orages, dans la timidité des arbres, dans l'épanouissement de nos plantes d'intérieur, au risque de finir par douter de tout sauf de nous, et de nous demander encore, repliés dans une désespérante solitude cosmique, comment croire à d'autres consciences que la nôtre. C'est pourquoi, en l'absence d'éléments de comparaison accablants entre Koko le gorille et un tilleul, entre du lichen et Padmé, qui me demande de lui ouvrir la fenêtre, ou entre une algue et Alex, le perroquet gris du Gabon, il importe tant de distinguer ce qui est de l'ordre du reflet poétique, jailli de notre goût pour l'imagination, de ce qui est de l'ordre du reflet réel. Dans l'œil valide d'Arec le goéland, je pouvais voir mon visage bombé. Il y avait, dans ses bâillements, la même détente que dans les miens ; dans sa façon d'étendre ses ailes, ma façon d'étendre mes jambes ; dans le plaisir qu'il trouvait dans la compagnie de Bernard, le plaisir que je trouve dans la compagnie de Padmé.

La subjectivité manifeste d'Arec n'a rien à voir avec l'hypothétique intériorité botanique souvent évoquée, avec désinvolture, par des poètes en costume de scientifiques. Lorsqu'on leur demande s'ils ont rencontré un animal, ils parlent de vivant, puis d'âme, de communication, de subjectivité, mais la rencontre d'une branche vaut-elle celle d'un rouge-gorge ? Il ne me viendrait pas à l'idée d'insulter un platane ou de gifler un iris, mais je trouve douteux que l'on puisse suggérer que l'un et l'autre m'écoutent, comme le font des animaux. La mégère au balai ne se contenta pas d'arracher une feuille à un arbre, elle priva un individu, Arec, aux préférences marquées pour les individus d'autres espèces, d'une moitié de sa vision, de toute une partie de sa perception du monde. Par sa présence au creux du bras de Bernard, il confirme mon intuition : en dépit de tout ce que nous ignorons, la rencontre d'un oiseau ne sera jamais celle d'une plante.

Je comprends qu'un tel discours puisse décontenancer. On n'aime pas remettre de la discrimination, mais celle-ci est nécessaire, elle est au fondement de la justice. C'est la première leçon que l'on reçoit en droit : ce dernier se fonde, dans son intégralité, sur la distinction entre les choses et les personnes. Si nous voulons être justes, nous devons savoir qui est une personne. Nous devons décider et nous mettre d'accord ; sinon, nous ne pourrons jamais rien écrire. En étant le plus rationnels possible, le plus détachés possible de la poésie, le plus proches de la singularité du réel, nous avons constaté que les animaux correspondent à ce que nous appelons des « personnes ». Ils sont dotés d'une conscience, avec tout ce que le terme implique : sensibilité, mémoire, langage, métacognition, conscience des autres, conscience de soi. Les plantes sont beaucoup de choses. Elles sont belles, elles sont précieuses, elles sont étonnantes, utiles, colorées ; plus important encore, elles sont vivantes, et sensibles. En ce qui concerne la justice, cependant, tout cela fait d'elles des choses. Des choses vivantes, des choses sensibles, des choses extraordinaires… mais pas des personnes. Un très bon ami photographe, Rémy Artiges, s'étonnait un soir de telles considérations discriminantes, lui qui voyait en moi, l'animaliste, un défenseur de la nature et du vivant. Je tiens à défendre le monde et je tiens à ce qu'il soit vivable, mais je tiens à tout cela au nom des animaux qui le peuplent. Sinon, comme pour Mars ou Jupiter, je n'en aurais pas grand-chose à faire. Si des lapins vivaient sur Mars, en revanche, je ferais tout mon possible pour y cultiver du persil.

Je est une truie n'ayant signé aucun contrat

Dans le meilleur des cas, l'amalgame entre animaux et végétaux amène à défendre les forêts et à verdir son appartement, les seconds bénéficiant de notre empathie pour les premiers. Souvent, hélas, cet amalgame justifie à l'inverse de traiter les animaux comme des végétaux, c'est-à-dire de les planter, de les faire pousser, puis de les récolter pour s'en nourrir, avant de semer à nouveau. Deuxième conséquence de la mentaphobie, ce cycle est celui des inséminations et des abattages sur lequel repose l'élevage depuis des millénaires, le terme « abattage » désignant, au passage, le fait de détruire des arbres et des animaux… mais pas des humains.

Nombreux sont aujourd'hui celles et ceux qui se réclament, non par réflexe spéciste mais par conviction, d'un respect indifférencié du vivant d'un côté et d'une distinction irréductible entre l'humain et les autres espèces de l'autre. Ce n'est pas la moindre de leurs contorsions, de tels omnivores philosophants ne poussant jamais la logique jusqu'à l'anthropophagie. Tandis que la mentaphobie perd du terrain et que nous nous rapprochons enfin de la conscience des êtres dans les bétaillères, le complexe animalo-industriel produit, à l'attention de ces contorsionnistes nommés « flexitariens », des discours artisanaux fondés sur trois piliers : consommation raisonnée de viande, élevages à taille humaine et critique de l'ascèse animaliste, du véganisme ou du végétarisme.

Paradoxalement, l'énergie consacrée à la défense de la consommation de viande face aux assauts de ceux qui s'en passent est supérieure à celle qui pourrait servir à protéger les plus petits élevages des assauts des élevages intensifs. Ce sont pourtant ces derniers, et non les hippies des années 1970, qui provoquèrent directement la disparition des fermes traditionnelles dans la seconde moitié du XXe siècle. C'est que les flexitariens ont besoin de l'intensif. D'abord pour se nourrir : sans viande produite quotidiennement, pas de viande disponible quotidiennement. Il n'existe même pas assez d'élevages traditionnels (dits « extensifs ») pour fournir aux quelques milliardaires français leur ration hebdomadaire de chair animale tant est dérisoire le nombre d'animaux issus de races locales face aux millions d'individus de souche industrielle. Allez donc nourrir 70 millions de flexitariens sans élevages intensifs ! L'autre fonction de l'élevage intensif est ainsi de faire briller, par contraste, le mirage de l'élevage extensif, avec ses pâturages, son plein air et sa faible densité. Échange de bons procédés : l'intensif profite des prosélytes de la basse-cour et de leur tendance à décourager tout boycott pour vendre sa maltraitance animale en barquettes. C'est parce qu'une poule heureuse, les pieds dans le sable, apparaît sur les boîtes d'œufs industriels ou les stands des marchés urbains que les gens se permettent d'en acheter autant. C'est parce que des vaches paisibles bordent les voies ferrées que les gens se permettent de consommer autant de lait. Sans cet imaginaire champêtre, les élevages concentrationnaires n'auraient rien pour faire passer la pilule.

Nous savons désormais que les animaux ont, au sein d'une même espèce, des personnalités qui diffèrent, qu'ils sont capables de se reconnaître entre eux et apprennent même, au fil de leur enfance, le langage et les codes de leur société, nous savons que tout les distingue de spécimens, ou de clones, et pourtant une importante partie du discours médiatique en faveur de la nature, ou du vivant, rejoue cet amalgame mortifère. Avec un nihilisme gourmand et un redoutable aplomb cartésien, on entend parfois parler, le plus sérieusement du monde, de réincarnation. Poètes en costume de scientifiques, encore, comme si la conscience pouvait, par magie, exister hors du corps qui l'abrite. L'herbe se réincarne-t-elle en vache de la même façon que la vache se réincarne en humain ? Tout cela n'a aucun sens, et fait office de mysticisme câlin, agréable à entendre pour fantasmer encore, au milieu d'une terre presque intégralement anthropisée, sur le fait que la nature nous guette à chaque bouchée de viande.

Ce néobouddhisme carnivore n'est d'ailleurs pas incompatible avec l'intérêt pour les sanctuaires, lieux de fréquentation d'animaux domestiques dont le modèle économique ne repose pas sur la mise à mort des pensionnaires. Les tenants de ce modèle peuvent avoir été témoins des horreurs de l'élevage industriel, avoir vu la détresse des bêtes séquestrées dans les hangars qui, eux aussi, bordent les voies ferrées, quoiqu'ils soient moins identifiés que les vaches ; ils savent ainsi que la vie dans de tels bâtiments industriels n'a aucun sens, que les animaux ne savent pas pourquoi ils sont là, ni jusqu'à quand. Les néobouddhistes carnivores font de l'élevage industriel un enfer absolu, suggérant avec malice que l'élevage dans les prés serait, lui, un paradis. Là-bas, imaginent-ils volontiers, les animaux savent ce qu'ils font et jusqu'à quand. Ils ont la notion des cycles, mémorisent la durée d'une traite, voire la durée d'un hiver sans quitter l'étable avant de regagner les pâturages. Comme s'ils avaient signé un contrat.

Je est un cabri, ma mère produit le lait d'une ferme pédagogique : je n'aurai jamais le temps d'apprendre quoi que ce soit, car ma viande vaut plus cher que ma vie. Je est une vache laitière, et n'imagine pas le monde sans le tintement perpétuel de la cloche à mon cou, avec sa lanière de cuir. Nous n'avons signé aucun contrat. Les défenseurs de nos modes d'exploitation se figurent pourtant que nous passons un contrat lorsque nous venons au monde, contrat que nous honorons en étant tués. Comme si, dès lors que nous avons signé, plus rien n'était immoral, et tout autorisé. Voilà de l'anthropomorphisme : si les truies découvraient que leur vie ne leur appartient pas mais qu'elle leur est prêtée en gage, elles demanderaient à rejoindre dare-dare la non-existence dont on les a sorties.

Je est un veau né les sabots liés

Comme les animaux concernés, quoique de manière plus articulée, les néobouddhistes carnivores se prononcent contre l'abattage industriel, mécanisé. À leurs yeux cependant, l'idéal est un abattage humain, à la ferme, par fourgonnette blanche itinérante. À ce sujet, leur point de vue diverge de celui des bêtes. Ferme noire, ferme blanche, ferme rouge, ferme verte, ferme bleue : qu'appelle-t-on une ferme, au juste ? Pour ma part, je revois la cour auxerroise de mes grands-parents maternels. Les deux longères de chaque côté, le hangar à foin au bout, les pâturages au-delà. Jusqu'à mon adolescence, mon grand-père éleva des génisses dans l'étable sur la droite. À gauche, dans un petit carré, se trouvaient les neuf clapiers en béton, face au cabanon des poules, qui me terrifiaient quand ma grand-mère m'emmenait chercher leurs œufs. Mon grand-père était surtout agriculteur, mais garda l'étable bien au-delà de sa retraite (il s'était constitué en GAEC).

Je garde durablement le souvenir d'un dîner de céréales dans du lait interrompu par un animal qui accouchait. Je devais avoir douze ans ; j'ai été chargé de tenir la torche. J'ai vu mon grand-père et mon oncle nouer une corde aux pattes avant du veau qui pointaient hors de la vulve de sa mère ; je les ai regardés tirer dessus avec une sorte de cric ; je ne me rappelle pas grand-chose d'autre. J'étais alors spectateur de ce que les flexitariens nomment volontiers l'élevage, en opposition au complexe animalo-industriel. Ce cric m'est resté à l'esprit : c'était un tire-bouchon. En vérité, les petits élevages ne sont pas beaucoup moins mécanisés que les grands. Plus personne ne trait les vaches à la main, assis sur un tabouret de bois, mais cette mystification perdure, carburant à la bonne volonté des carnivores friands d'histoires dans lesquelles les animaux seraient capables de passer un contrat… et les plantes de communiquer avec nous comme des animaux ! Plaquant sur les végétaux et les animaux ce que nous avons envie d'y voir, cet anthropomorphisme-là nous éloigne de la réalité.

L'anthropomorphisme animaliste est tout autre : c'est une passerelle. Que puis-je reconnaître de moi-même dans ces plantes, ou dans ces animaux ? Dans les premières, la sensibilité. Dans les seconds, la conscience. Je sais ainsi que les cochons ne bénéficient pas plus que moi, si j'étais dans leur cas, de la gratitude sincère et post mortem des humains se délectant de leur chair, et ce pour la bonne raison que leur conscience a été annihilée dans un abattoir et qu'un lardon ne ressent rien, qu'il soit un lardon de porc ou un lardon d'humain.

Je est un agneau, pas de la viande

Bien qu'elle soit lourde de conséquences, la défense de la consommation de chair animale n'est qu'un détail de la pensée flexitarienne, qui s'inquiète avant tout de la sauvegarde des cycles et des écosystèmes. Loups, moutons, abeilles, forêts et océans occupent ainsi un large pan de cette pensée ; les fermes-usines, beaucoup moins. L'un des corollaires du spécisme, arbitraire discrimination des animaux en fonction de leur seule espèce, permet en effet de s'inquiéter mortellement de la disparition d'un rhinocéros blanc, mais de ne faire aucun cas de l'annihilation quotidienne de milliers de bovins, chaque jour, en France. Changeons un instant de réalité pour prendre la mesure de l'absurdité d'un tel raisonnement.

Je est la dernière vache limousine du monde, baptisée, soignée, choyée dans un sanctuaire. Au même moment, dans les abattoirs français, dix mille rhinocéros sont abattus chaque jour pour leurs cornes, et les prétendues vertus pour la santé de celles-ci. Ma mort fera les gros titres. La leur ne sera qu'un détail dans l'organisation du Salon des poudres médicinales organisé à Paris.

On voit ici que chacune des facettes de la cause animale mérite notre attention, et qu'il est difficile d'en choisir une plutôt que l'autre. Malheureusement, dans cette réalité parallèle, seul le cas de la dernière limousine fait vraiment consensus, le combat pour les rhinocéros étant confié à une frange de la société, les antispécistes. Grands consommateurs de corne de rhinocéros, les écosophes s'interrogent alors. Comment penser notre relation aux pachydermes d'élevage ? Les rhinocéros ne sont pas des personnes, ni morales ni physiques. Ce ne sont pas non plus des machines à transformer le fourrage en corne… Encagés dans l'entre-deux terrible séparant l'animal personne de l'animal chose, ils n'ont alors d'autre choix que de formuler cette étrange hypothèse : peut-on considérer les rhinocéros comme des proches dont il serait permis de scier les cornes, tant que c'est sans animosité ?

À cela, nous serions tentés de répondre, en une phrase sereine : non, on ne peut pas penser les rhinocéros comme cela. Notre pays regorge de substituts d'origine végétale à la poudre de corne ; laissons donc les rhinocéros en paix. Il n'est en effet qu'une seule façon de tolérer que huit milliards d'humains poursuivent leur consommation de corne de rhinocéros ou de viande à une époque où plus rien ne les y oblige : considérer que la mort d'un être conscient ne compte pas dès lors qu'il ne s'agit pas d'un humain. Le spécisme, c'est avant tout cela. Parler de sentience plutôt que de conscience animale présente alors le risque de prêter le flanc à ce que de tels écosophes concluent que, si la consommation d'êtres conscients relève du cannibalisme, celle d'êtres sentients relève de la gastronomie. Qu'il s'agisse d'un rhinocéros ou d'une vache, de Padmé, de Phœbe, d'Arec ou de Jade, tuer pour manger devrait, à l'avenir et dans la réalité qui est bel et bien la nôtre, pouvoir relever du tabou.

L'antispécisme ne se contente pas de faire la morale à la louche, ou grosso modo de ne pas faire de mal aux êtres conscients. Il se fixe pour cap d'ajuster les égards portés aux êtres qui nous implorent, par leur langage corporel, leurs cris, de ne pas les tuer. Il n'est aucune réalité où le fait de les tuer quand même, puis de les remercier en trinquant autour de la table, est la chose la plus juste possible. Cela ne saurait, en tout cas, l'être plus que de manger végane avant d'aller rencontrer les animaux dans leur pré, de leur adresser la parole, de leur tendre de l'herbe voire, s'ils le souhaitent, de jouer avec eux et de les caresser.

Il arrive encore, malheureusement, que l'inverse soit défendu. Ce spécisme hyper-intellectualisé ruisselle alors jusqu'aux couches les moins philosophantes de la population, qui se gavent alors de côtelettes en pensant que, si c'était aussi grave que cela, on les aurait prévenues. Évidemment que c'est grave ! Je est un agneau qui ne connaît plus du monde que l'incompréhension de plus trouver ma mère. Je l'appelle en vain, et mes bêlements rappellent, à l'oreille des employés de l'abattoir dont je tète désespérément les doigts, les pleurs de nourrissons humains – nous sommes une centaine à avoir rejoint la zone sale. Est-ce une coïncidence si mes pleurs ressemblent à ceux des humains les plus jeunes ? Est-ce une coïncidence si de jeunes animaux, peu importe leur poids, poussent le même cri que les jeunes humains dans les situations où ces derniers pleureraient aussi ? Lorsque le doute s'instille, même lorsque la question est aussi simple, sachons cesser d'argumenter et laissons la honte faire son travail. Elle seule saura se frayer un chemin à travers l'exosquelette conceptuel développé par les flexitariens pour protéger leur spécisme et leur viande.

Je est un escargot endormi au mauvais endroit

Début juillet 2019, un essaim de fourmis volantes a pris la direction de ma chambre. La fenêtre était restée ouverte. L'incident diplomatique n'a pas été certain tout de suite : j'ai cru pouvoir saisir les premières entre mes doigts et les rejeter dehors. Je n'avais aucune idée de la foule qui s'apprêtait à déferler sur mon bureau et mon lit. Les fourmis volantes, mâles et princesses en pleine parade nuptiale arthropodienne, sont des animaux très excités, en particulier lorsqu'il fait chaud. Le soleil venait de se coucher, il était tard, mais l'air était encore lourd, et j'ai vu ces gros insectes noirs, l'abdomen gonflé de sperme ou d'œufs, commencer à grouiller sur mes fenêtres, mon carrelage, mes murs… La nausée m'a pris lorsque j'ai tenté de ramasser à la pelle le premier amoncellement de princesses et de bellâtres ailés, et j'ai compris que j'allais devoir sérieusement ajuster les égards que j'avais pour ces animaux-là. La même chose se produit, je crois, dans une réalité légèrement parallèle à la mienne, en Inde, lorsque des panthères s'approchent des villages et que l'une d'elles prend goût au gibier le plus lourd de conséquences : chats, chiens, enfants.

M'en remettant à une manière plus expéditive de reconquérir ma chambre, j'ai pensé que la situation, quoique déplorable pour tous ces petits êtres, restait sans commune mesure avec ce qui se serait passé si j'avais activement inséminé une reine fourmi ou massacré son harem de princes ailés au nom de traditions culinaires. Gardons-nous également de juger la villageoise indienne assénant un coup de couteau au grand félin ayant décidé d'en faire sa proie : cela ne rend pas plus juste le fait d'élever des milliards d'animaux pour les tuer, et encore moins de penser que ces animaux ne souffrent pas, ne pensent pas, ou ne se rendent pas compte de ce qui leur arrive.

Nous nous servons volontiers d'exemples extrêmes pour nous épargner la honte, justement ; nous nous imaginons que les animaux ne souffrent pas pour nous éviter la culpabilité. Il serait en effet insupportable de considérer que nous tuons des gens, qu'il s'agisse de drosophiles ou d'escargots, les unes envahissant notre bac à compost puis notre cuisine, la raison évolutive des autres ne les ayant pas encore dotés de coquilles bioluminescentes pour les préserver des semelles humaines dans leur sommeil en plein passage. Plutôt que de nous dire que le meurtre est parfois légitime (dans le cas des fourmis, des moustiques ou des panthères), voire de parler carrément d'animalicides involontaires (ces pauvres escargots !), nous

nous disons que la mort des animaux n'est jamais si scandaleuse. Nous nous retrouvons certes à devoir les empoisonner (dans le cas des frelons, des chenilles ou des rats, quoique ce dernier point soit largement discutable), cela ne signifie pas que ce n'est pas grave. En remettant de la gravité et de la réalité dans la mort des animaux, nous interdisons qu'elle finisse banalisée, ou invisibilisée. Tuer un animal peut compter comme un meurtre nécessaire, mais cela reste à éviter autant que possible.

En considérant les animaux comme des personnes conscientes, nous nous retrouvons aussi face à un autre vertige : nous cohabitons avec des milliards de personnes violentes, les prédateurs, qu'ils soient empathiques ou non. Minoritaires, mais tout de même. Je pense ici aux chimpanzés autant qu'aux barracudas, aux lionnes autant qu'aux vipères. Il est certainement plus rassurant de se dire que ces créatures tuent « parce que c'est leur nature », « parce qu'elles n'ont pas le choix » ou « parce qu'elles ne réfléchissent pas », mais il est aussi envisageable qu'elles tuent délibérément, comme le feraient des humains lorsqu'ils décident de tuer pour survivre. Cela ne nous a pas empêchés d'écrire des lois et d'interdire les assassinats ! Nous pouvons neutraliser les prédateurs humains, ceux-ci ayant bénéficié à leur naissance dans un corps d'*Homo sapiens* de droits qui impliquaient de renoncer à la cruauté. Si nous ne pouvons pas en dire autant des animaux (à moins qu'ils ne fassent partie d'une famille, comme un chien qui deviendrait agressif), cela ne signifie pas que la mort cesse automatiquement d'être une tragédie dès lors qu'elle se produit à l'extérieur du monde humain.

Douze ans après *le Discours de la méthode,* en 1649, René Descartes écrit à Henry More, philosophe britannique. Il tient entre ses doigts la plume, taillée en biseau, d'une oie qui vit peut-être encore à quelques kilomètres de son bureau. Sur lui, une écharpe de laine (le mouton vit encore), une ceinture et des souliers de cuir (deux vaches différentes). Le support sur lequel il écrit s'est véganisé il y a quelques siècles déjà : ce n'est plus du parchemin, mais du papier. On n'a pas trait de céphalopodes pour remplir son encrier, l'encre de Chine étant, elle aussi, d'origine végétale. Éclairé par une bougie dont la cire n'est pas encore faite de graisse de baleine (la chasse n'a pas encore commencé), le voilà qui avoue : « Mon opinion n'est pas si cruelle aux animaux qu'elle est favorable aux hommes, je dis à ceux qui ne sont point attachés aux rêveries de Pythagore, puisqu'elle les garantit du soupçon même de crime quand ils mangent ou tuent des animaux. »

Les « rêveries de Pythagore », c'est le végétarisme. En clair, Descartes indique n'avoir copié la théorie de l'animal-machine que pour disculper les consommateurs de viande de tout « soupçon de crime ». Les vivaces prosélytes de la mentaphobie et des petits élevages, nos contemporains, ne font donc que s'entasser dans l'impasse où s'est retrouvé coincé Descartes : en dépit de leurs connaissances éthologiques, les voilà à leur tour prisonniers de leurs traditions, condamnés à défendre l'indéfendable et à écrire n'importe quoi.

8.
RESPECTER LE PASSÉ LES YEUX OUVERTS

L'une des raisons pour lesquelles l'élevage ne s'est jamais déparé de son capital sympathie, en dépit des milliards d'animaux dont il implique la mise à mort, et bien qu'il ait sévèrement mal tourné avec la mécanisation de l'agriculture, c'est le fait qu'il nous ait tant aidés par le passé. L'élevage est à l'origine de notre sédentarisation, du développement des villages, des villes, puis des lois qui les régissent. Il est à l'origine de ce que les historiens des sciences nomment la « pathocénose », l'accoutumance aux virus nés du bétail ayant joué en faveur des Européens lors de leur invasion des Amériques, provoquant l'extermination de la quasi-intégralité des populations autochtones. Accessoirement, l'élevage a permis aux humains de s'alimenter, de s'habiller… même de se réchauffer l'hiver. C'est pourquoi l'un des arguments les plus fréquents en faveur du flexitarisme mobilise l'imaginaire du pastoralisme et le rêve d'un retour à un âge d'or de l'élevage à taille humaine, le jars dans la basse-cour, la truie dans sa flaque de boue et le cheval de trait harnaché, par un gros joug de cuir, à une charrette en bois.

On l'a vu précédemment, en nous représentant une nature toujours pure, qui serait opposée à nous, décadents, nous nous privons de la vision d'un monde véritablement singulier, peuplé ici (où c'est plutôt vert) et là (où c'est plutôt gris) d'individus conscients aussi précieux les uns que les autres. Cependant, dès lors que nous souhaitons nous rapprocher des animaux, de leur vécu et de leur existence, pour y voir des gens et pas seulement de charmants étrangers mutiques, il importe de ne pas idéaliser le réel d'un point de vue non seulement géographique, mais aussi historique. Ne nous représentons donc pas un âge d'or toujours pur opposé à notre présent décadent, nous privant par là d'une histoire véritablement singulière, traversée ici (où l'on utilise plutôt du bois) et là (où l'on utilise plutôt des machines) d'individus conscients… et terriblement similaires. Le passé est un miroir aux alouettes. La seule boussole qui vaille est celle de l'avenir : comment devenir meilleurs que ce que nous sommes en ce moment ?

Je est un puma sacrifié au sommet des pyramides

D'avril à septembre 2024, le musée du Quai Branly accueillait une grandiose exposition consacrée aux Mexicas, ou Aztèques. Cette civilisation d'Amérique centrale, extrêmement jeune (deux siècles à peine) lorsque l'apocalypse coloniale s'abattit sur elle, resta célèbre pour l'épouvantable sadisme de ses rituels religieux, des célèbres cardiectomies sans anesthésie au massacre d'enfants que l'on faisait pleurer d'abord pour attirer la pluie. Le texte de l'exposition parlait, à leur sujet, de « virtuoses du sacrifice », et pour cause. Le spectacle de la mort au sommet du Templo Mayor de Tenochtitlan atteignait des sommets de sophistication que je ne décrirai pas. Qu'il suffise d'imaginer que nos manières de tourmenter les animaux, en ce moment, sont tout aussi variées.

« Sacrifice » : le mot revient souvent dans la rhétorique flexitarienne. À un abattage sans signification, à la chaîne, devrait se substituer une mise à mort des animaux chargée de sens et de respect. Les Mexicas n'auraient pas mieux dit : certaines victimes sacrificielles étaient traitées comme des dieux avant d'être charcutées publiquement. Aujourd'hui encore, le langage religieux, hérité d'un passé exagérant le respect qui lui est dû, justifie les pires horreurs. En France, il suffit de parler d'abattage rituel pour que soit autorisé le fait d'égorger des animaux vifs, des animaux conscients. Rien de rituel là-dedans, et la lutte contre les abattoirs kascher et halal n'a rien à voir avec la religion. En attendant qu'il ne soit plus nécessaire d'abattre d'animaux du tout pour se nourrir, la priorité reste d'abolir l'abattage sans étourdissement. Cette formule-là brille moins, forcément.

Non loin de la section consacrée aux sacrifices, l'exposition du Quai Branly évoquait la relation des Mexicas à leur alimentation, tenant un discours proche du néobouddhisme carnivore, qui constitue aujourd'hui le socle de la réaction spéciste : « La Très Sainte Mère nous nourrit, puis elle nous mange. » D'autres analyses de la symbolique mexica semblent également très familières : « Les animaux étaient considérés comme une manifestation des dieux, des lieux ou des forces de la nature. » Au nom de l'exploitation animale dans notre société, un tel discours est-il possible ? Et ne risque-t-on pas, au nom de son abolition, de se retrouver dans une position terriblement coloniale en critiquant de telles positions, même recyclées par le spécisme occidental ? L'idée que la mort engendre la vie est profondément ancrée dans d'innombrables civilisations ayant précédé la nôtre. Là où l'animalisme nous place dans cet inconfortable porte-à-faux vis-à-vis des millénaires passés, c'est qu'il ne réfléchit pas en termes d'espèces (ou de dieux, ou de lieux, ou de nature), mais d'individus. La Santería, religion des esclaves noirs née à Cuba, s'est par exemple diffusée dans toute l'Amérique latine, jusqu'aux marchés clandestins jouxtant l'ancien Templo Mayor de Mexico. Elle exige de nombreux sacrifices d'animaux dont l'espèce n'est pas en danger : poules, canards, chèvres. C'est une horreur. Comment la réformer ?

Je est un puma né au Mexique, sur le territoire des jaguars, des ocelots et des chauves-souris. Nous sommes quelques années avant 1492. Capturé, battu, brisé, je suis arraché à ma forêt, transporté jusqu'à la pyramide d'une cité lacustre et encerclé par une foule assourdissante. J'ai mal. Je me retrouve en hauteur, au pied d'un humain couvert d'ossements et de plumes. Il crie. Je ne comprends rien. Puis un éclat d'obsidienne se loge dans ma gorge et l'ouvre, alors je ne pense plus rien, ne désire plus rien. Je m'éteins. J'avais sept ans.

Recyclée par l'Europe, cette pensée par espèces plutôt que par individus a déchaîné la violence spéciste et l'a multipliée par cent millions. Je ne suis jamais parvenu à mémoriser le nombre exact d'animaux terrestres abattus chaque jour, je sais juste que c'est trop, et il est insupportable que les sagesses autochtones, récupérées, instrumentalisées, fassent à leur corps défendant le jeu de la domination humaine sur les animaux. En 2020, le président de la Fédération nationale des chasseurs défendait en ces termes les chasseurs à courre, à la glu ou les déterreurs de blaireaux, qui sont parmi les personnes les plus violentes que nos lois autorisent : « Ils sont nos Indiens français, protégeons-les même s'ils ne vivent pas en Amazonie… » Ou comment recourir aux manifestations du spécisme universel pour confondre les méthodes de chasse de peuples marginaux, en voie d'extinction, et les pratiques barbares d'un groupuscule de privilégiés.

Les peuples autochtones ne sont pas moins susceptibles d'évoluer que les autres. Pourtant, une idée très répandue consiste à respecter, chez les Inuit par exemple, la chasse rituelle à la baleine, bénéficiaire d'une dérogation : la morale, en ce qui les concerne, semble suspendue, comme si nous nous retenions de juger le jaguar chassant une biche. Les Inuit ne sont pas moins susceptibles d'abolir la chasse à la baleine que nous ne le sommes d'abolir la corrida : le penser serait parfaitement raciste. Parce que les peuples premiers sont associés à la nature – et aux animaux, englobés par le concept –, nous nous figurons que leurs méthodes sont forcément bonnes et peuvent constituer un modèle immuable, chasse comprise. J'admets volontiers que l'abolition de la pêche baleinière rituelle chez les Inuit n'est pas une priorité politique, la pêche et la chasse mécanisées étant à l'origine de milliards de victimes conscientes supplémentaires par an, mais c'est une question de cohérence. Surtout, leur instrumentalisation dans les discours spécistes occidentaux pose problème ; en prendre conscience et s'en défaire, voilà une priorité. La violence ne devient pas plus acceptable parce qu'elle est exotique, et il est inacceptable que, pour défendre une nourriture carnée issue d'animaux standardisés, l'on cherche une justification dans les pratiques de peuples spirituels.

Je est un cerf élaphe abattu par une flèche

Derrière l'instrumentalisation des peuples premiers, il y a leur idéalisation. L'un des facteurs majeurs de l'abandon des cités mayas à l'époque classique tient à la surexploitation des forêts ; *idem* sur l'île de Pâques, dans la foulée. Qui sait si les bisons auraient survécu jusqu'au XIXe siècle si les tribus des plaines avaient eu des chevaux et de la poudre à canon plus tôt ? Le site de Head-Smashed-In, au Canada, est une falaise ayant servi de lieu de massacre de troupeaux pendant plus de cinq mille ans : les animaux, effrayés, tombaient dans le vide ; les humains n'avaient plus qu'à se servir en bas. La plupart de ces chasseurs croyaient en la réincarnation ; il ne leur serait jamais venu à l'esprit de laisser des survivants. Nous faisons volontiers comme si les ressortissants des Premières Nations, et leurs ancêtres avant eux, avaient toujours vécu en harmonie avec les animaux, mais la mégafaune américaine (éléphants en tête !) s'est éteinte exactement quand les humains sont arrivés, à la fin du pléistocène, il y a un peu plus de douze mille ans. Ne nous racontons pas d'histoires : nous avons peu évolué depuis.

Que l'on soit humain, bison, sanglier ou faisan, difficile d'éprouver la moindre sympathie que ce soit pour les adhérents de la Fédération nationale des chasseurs. Leurs armes de guerre sèment l'angoisse dans les forêts et les champs, tandis que la quantité d'animaux maltraités et martyrisés par leurs soins dépasse l'entendement. Cela ne doit pas, cependant, nous inciter à ériger en héros les chasseurs de mammouths : nous courrions le risque de trouver aussi respectable un chasseur à l'arc traquant longtemps sa proie, le visage couvert de boue, à quatre pattes dans l'humus. Et si ce chasseur fait ça pour le plaisir, en Sologne ? N'idéalisons pas, de surcroît, la pratique de la chasse au mammouth. Je n'y étais pas, mais quelque chose me dit que ces mastodontes ne se combattaient pas à coups d'épieu, et que cela se passait plutôt sur le modèle de Head-Smashed-In. Et tout cela ne dit rien de la souffrance des mammouths, conscients d'eux-mêmes et de leurs proches, êtres complexes et sociaux, même s'ils ne soufflèrent jamais l'empreinte de leur trompe sur la paroi des grottes.

L'entreprise peut prêter à sourire, mais ses conséquences ne peuvent être que positives : nous devons remettre la conscience des mammouths au centre de l'attention. On a suffisamment glosé sur la ruse de leurs prédateurs. Sans cette sensibilité animaliste, l'écologie court le risque de faire la part belle à la violence exercée sur les animaux sauvages, comme s'il s'agissait de quelque chose de sain, d'immémorial, de pur. Au fond, où est le problème, tant que les espèces ne disparaissent pas ? Je est un cerf élaphe tué par une flèche pendant la saison du brame de l'année 2023. Une partie de mon corps a été cuisinée et glissée dans un pot hermétique, flanqué de l'inscription « pâté ». Un jeune homme s'en sert une tartine sur du bon pain frais. Son amie (la jeune femme du prologue de cet ouvrage) ne fait habituellement aucune remarque, mais elle ne peut résister à l'agacement quand elle voit le peu d'égards avec lequel je me trouve ingéré. « Mais il a été tué à l'arc ! », s'exclame mon ogre, comme si c'était moins grave parce que non industriel, avant de se souvenir des dégâts que fait une flèche aux organes d'un mammifère capable de souffrir.

À l'excellent Mayflower Museum de Plymouth, en Cornouailles, des citations mettent à l'honneur celles et ceux qui font vivre la ville depuis des siècles. Un pêcheur raconte son activité : « Tu pars avec rien, tu reviens avec quelque chose, et tu as tout fait toi-même. » À une époque où la pêche est confrontée à la pression conjointe de raisons écologiques (les stocks s'effondrent) et de raisons éthiques (des milliards de poissons meurent asphyxiés alors que nous pourrions nous passer de les manger), la question se pose enfin de ce que nous devons faire de l'héritage spéciste qui nous fonde, et auquel nous devons tant. Comment faire pour l'honorer, et passer à autre chose ?

Pour tourner *les Derniers Baleiniers de São Miguel,* la documentariste néerlandaise Annette van Trigt s'est rendue aux Açores, à la rencontre des héros éponymes qui, depuis le moratoire de 1986, ont vu deux siècles de tradition épique disparaître de leur vie. Ils sont aujourd'hui des petits vieux à la retraite, et gardent le souvenir d'une époque où leur île dépendait de leur courage pour son éclairage et son économie. Le souvenir aussi de camarades perdus en mer. Ces gens-là annoncent peut-être les chasseurs et les pêcheurs de demain, privés de leur identité par des lois écologiques, voire éthiques. Ils déplorent l'absence d'un musée de la chasse à la baleine sur l'île. Tout ce qui reste, et Annette van Trigt le filme, c'est la cheminée de l'usine où les graisses étaient fondues en huile. Le symbole est glaçant. Aucun commentaire ne souligne le terrible écho historique. Il leur faudrait un musée, disent-ils, alors pourquoi n'en existe-t-il toujours pas ? Mon hypothèse, c'est qu'il ne faudrait pas un musée, mais un mémorial. Celui-ci devrait à la fois reconnaître l'injustice subie par les clans de cachalots des Açores, êtres conscients, complexes, extrêmement sociaux, et en même temps la bravoure de leurs bourreaux. Je n'aimerais pas être chargé de la muséographie du lieu. Cela explique sans doute pourquoi celui-ci tarde à voir le jour.

Il était trois heures du matin quand j'ai demandé son avis sur la question à Annie Lulu, autrice de *Peine des faunes,* admirable roman couronné du Prix du roman d'écologie. Annie, cependant, partage mes convictions animalistes. « On ne peut pas comparer ce qui n'est pas comparable, m'a-t-elle aussitôt répondu par message vocal. On ne peut pas, par opportunisme, mettre à égalité des pratiques traditionnelles de populations autochtones et des pratiques industrialisées, déspiritualisées. » Annie est issue de peuples autochtones, pas moi, et la dernière des choses que je voudrais serait d'occuper un espace qui ne me revient pas. Or, s'il m'est possible, à ses yeux, de m'exprimer en toute bonne foi sur des sujets concernant d'autres peuples que « le mien », elle me confirme qu'il est malhonnête d'utiliser ces spiritualités, et leur mysticisme, pour justifier l'incommensurable hécatombe commerciale des bêtes natives de l'Ancien Monde. Mais comment se faire entendre ? Les loups sont peut-être plus sensibles à la diplomatie que certains des nôtres.

J'ai conscience que nous n'arrêterons pas d'employer le mot « nature » comme ça, et que le mot « vivant » pourra continuer de désigner l'ensemble des végétaux et des animaux, qu'il est important de distinguer dans la quête de la justice, moins dans celle du bonheur. L'idéal serait que ces mots courants libèrent de la place à un autre, qui gagnerait à se voir autant usité, le spécisme, néologisme désormais vieux de cinquante ans. Nous n'avons plus à redouter l'emploi de ce mot. Ne manque qu'un terme plus positif qu'antispécisme pour désigner son opposé : animalisme me plaît bien. Tel est le nom de la voie vers les mondes intérieurs des bêtes, ouverte par l'intuition, pavée par la science et offerte à l'humanité, capable désormais de voir qui sont ces gens qu'elle fréquente depuis toujours.

INTERLUDE

Sorti de la ville pour rejoindre la forêt, je sens le vivant qui m'entoure. Cette forêt n'a pas besoin d'être mythique, ou profonde : le parc des Faux de Verzy, près de Reims, fait l'affaire, et l'on peut arpenter la forêt de Brocéliande au départ d'un parking. Les montagnes, à quelques heures de marche de la dernière supérette, font l'affaire aussi. Il va sans dire que rien n'est plus précieux que les espaces sans réseau.

Je suis vivant, le monde est vivant et, entre le monde et moi, les animaux, les fleurs, les arbres sont vivants. Quand je voyage et plonge dans la mer, quand je nage auprès des dauphins (quelques kilomètres suffisent) : vivant. Quand je longe la Water of Leith, à Édimbourg, sachant que des loutres sont passées par ce chemin, à l'heure où je dormais, car j'aperçois leur catiche : vivant. Quand je vois deux personnes allumer un feu dans leur jardin et la fumée se diriger vers l'ouverture de la catiche : vivant et asphyxié à mon tour, avec elles. En ville, le vivant se montre aussi. Autour des froides voitures et des tours de béton inerte, dans les interstices du bitume, des plantes, des animaux, des insectes, des oiseaux, parfois des mammifères, grandissent à nos côtés. On se dit, alors, que la différence entre ville et forêt ne compte plus tant que cela.

Quelque chose, en revanche, résiste. Quelque chose se joue au contact des animaux qui ne se joue pas au contact des plantes, des rivières ou des pierres, aussi précieuses soient-elles. Quelque chose de l'ordre de la rencontre. Fragile, et fragilisé par l'idée que cette rencontre, finalement, pourrait valoir les autres. Car la rencontre avec les animaux est unique. Comme entre humains, elle peut être bouleversante : on tombe amoureux ou en amitié, on discute, on rit, on se console. Ces émotions ne tiennent pas à notre humanité, mais à notre animalité. Deux humains qui se rencontrent sont avant tout deux animaux qui entrent en contact, visuel, olfactif, charnel : des êtres qui se voient, se perçoivent et se jaugent. Cela requiert des yeux, un odorat, des pressentiments, des souvenirs, rien de spécifiquement humain. La rencontre est un événement fondamentalement animal.

Toute pensée des animaux ne peut faire l'économie de cela. Tout questionnement à leur égard, eux qui nous regardent et nous écoutent, nous approchent et nous fuient, ne peut ni ne doit exister sans le souvenir que ce qui se joue là, d'une conscience à l'autre, arpente la fractale des variétés d'attitudes et celle des variétés de situations, pour en concevoir une individualité. J'aime le monde vivant, les mers et les forêts, les fêlures du bitume et les étoiles, j'aime jusqu'aux toiles de maître et aux sculptures de marbre que l'on croit voir respirer dans les musées, mais j'aime plus encore l'idée que les gens peuvent se rencontrer, indépendamment de leur espèce et loin, le plus souvent, de toute présence humaine.

9.
SENTIENCE SANS CONSCIENCE N'EST QUE RUINE DE L'ÂME

Je est un animal loin des premiers humains, pourtant cerné par huit milliards d'entre eux. En mer, sur terre, dans les airs : nous ne sommes jamais loin d'une rencontre impromptue, et je ne suis jamais loin d'être pris pour ce que je ne suis pas. Les humains légifèrent, philosophent, jugent, créent, cuisinent, jardinent, chassent, prient ; tout cela, ils le font près de nous, mais sommes-nous jamais ensemble ? Entre eux et nous, combien d'images, de préjugés, de légendes, creusent une distance qui ne les arrange qu'eux ? Nos maîtres et possesseurs autoproclamés ont plutôt de bons yeux mais, à l'inverse des rapaces et des lynx, se laissent facilement berner, descendant d'une myriade d'aïeux qui, sans penser à mal, se seront figuré tout au long de leur vie que les différences physiques reflétaient nécessairement des différences morales, ou psychologiques.

On connaît, chez les humains, les conséquences tragiques d'une telle illusion d'optique sur les femmes ou les individus dont la peau est plus foncée que la moyenne. Dans une écrasante majorité, leurs ancêtres ont connu des sociétés où corps et âme allaient de pair, où les gens portaient leurs vices sur leur visage – ce dont d'innombrables jeunes hommes bien sous tous rapports n'auront pas manqué d'abuser – et où la taille du cerveau était un indice de l'intelligence de la personne à qui il appartenait. Des milliards d'oiseaux et d'insectes bâtissaient déjà des nids d'une effarante complexité, promenant leurs projets dans les airs depuis des millions d'années. De nos jours, chaque fois qu'*Homo sapiens* s'étonne d'une preuve de l'intelligence aviaire, il reste sous le coup d'une déduction erronée, héritée de la physiognomonie, qui jugeait de la valeur des personnes à l'aune de leur squelette, science obscurantiste, rétrograde, éloignée du raffinement de sa technologie. Celle-ci lui aurait ouvert la porte des étoiles, mais pas celle de la conscience animale ?

Ses outils commencent à peine à parler à son arrogance, révélant la densité des neurones chez les mésanges, la variété de leurs interconnexions chez les fourmis. Comment, ces galeries, ces nids, ce n'était donc pas de la magie ? Le temps est venu pour lui de trouver ces découvertes banales et de ne plus s'étonner de portions du réel ayant précédé l'apparition de l'espèce humaine sur terre. S'en émerveiller, oui ; s'en étonner, non. L'intelligence animale est la chose la plus banale du monde. Elle est partout, des cimes de l'Himalaya survolées par les oies aux profondeurs abyssales où ondulent d'étranges poissons bioluminescents, des plaines glacées de l'Antarctique aux dunes brûlantes de Namibie. La terre fourmille d'émotions et de pensées. Celles qui émanent des humains n'en constituent qu'une portion infime.

Je est un albatros amoureux

Lisant les découvertes sur l'empathie chez des rats soumis à des expériences de laboratoire cruelles aux résultats implacables, découvrant les documentaires sur la maternité chez les lionnes, les gorilles, les crocodiles, les humains entament volontiers la mélodie rance de « ces animaux presque comme nous ». Presque ? Un peu ? Un peu moins, peut-être ? Tous et toutes devront expérimenter le même dynamitage de ces digues mentales. Taire ces rengaines spécistes demande de l'entraînement. Ils se font une idée trop élevée de leur humanité, de leur recours à l'empathie, de leur expérience de la maternité. Illusion d'optique encore : parce qu'ils se sont bricolé un piédestal, nous avons l'air en dessous. Une fois les pieds sur terre, il leur apparaîtra clairement qu'il n'y a pas deux empathies, une chez les humains et une chez les animaux, ni trente-six manières de s'attacher à ses petits lorsque l'on est parent.

Je est un albatros. Depuis plus d'un demi-siècle, je niche toujours sur la même île, avec la même personne. Si des humains nous voyaient, ils douteraient peut-être du fait que nous nous aimons, notre manière de nous le montrer ne tenant qu'aux nuits que nous passons ensemble, aux précieux oisillons que nous aurons élevés, à nos étreintes, nos œillades, nos toilettes mutuelles. Réflexion faite, peut-être concluront-ils que tout cela suffit.

Je est un scarabée plus proche des humains que des méduses

Fin 2019, une équipe de chercheurs du Muséum national d'histoire naturelle et de l'université de Montpellier publièrent une étude au nom fleuri : la « cartographie affective du vivant ». Cette carte imaginaire en rappelait une autre, dessinée pour les salons précieux du XVIIe siècle, où les étapes de la passion amoureuse étaient représentées sous forme de localités voisines ou de particularités topographiques : sur la carte du Tendre de Madeleine de Scudéry, l'indifférence, l'estime et la bonté se font lac, rivière ou village. Pour établir la cartographie non tendre mais affective du vivant, trois mille cinq cents internautes complétèrent un questionnaire en ligne, dont les questions portaient sur leur degré de compassion et d'empathie (leur affection) pour les différents embranchements de l'arbre du vivant. Le résultat donne deux courbes, compassion et empathie, zigzaguant au-dessus des classifications, lignes parallèles représentées horizontalement. À droite, les plantes ; au milieu, les méduses ; à gauche, les grands singes.

On peut l'examiner longtemps, y chercher des bizarreries. Les courbes s'élèvent tranquillement jusqu'aux requins, puis elles chutent au niveau des poissons, avant de reprendre leur progression vers les primates ; tiens donc ! Il faut croire que les internautes ne mangent pas de requin. Les humains sont en effet connus pour minimiser les capacités cognitives des animaux qu'ils mangent. Question d'éthique : ils n'aiment pas être pris pour des ogres. Cela ne les empêche pas de tuer, chaque année, trente fois plus de poissons qu'il n'y a d'étoiles dans notre galaxie. Comment leur faire admettre que le moindre d'entre eux a eu peur et a souffert ? Ils en perdraient l'appétit, leurs ports de pêche feraient faillite. Aux yeux des humains, les poissons, comme les insectes et tous les arthropodes, en bas de la courbe eux aussi, semblent se ressembler tous et ne pas réagir à la douleur. La preuve ? Ils ne changent jamais d'expression. Les voilà confondus avec les copies d'un modèle unique, insensibles à l'asphyxie, aux hameçons, à l'arrachage des ailes. Le regard humain se laisse facilement avoir par la surface des choses et le visage des bêtes.

Les conclusions qu'il est possible de tirer de la cartographie affective du vivant sont limpides : les humains ont plus d'empathie et plus de compassion pour ce qui leur ressemble que pour ce qui n'a rien à voir avec eux. Tout est là, cependant : à l'exception de l'erreur de mauvaise foi commise envers les poissons, ils semblent faire preuve d'une excellente intuition de ce qui leur ressemble. Ils devinent ainsi que le scarabée et la méduse, aussi éloignés soient-ils d'eux, mènent deux existences fort différentes. L'un cherche à s'échapper si on veut l'attraper, l'autre se laisse porter au gré des courants. L'un veut retomber sur ses pattes lorsqu'il est sur le dos, l'autre virevolte lentement en tous sens, indifféremment. L'un agite ses antennes, l'autre laisse traîner ses filaments. Témoins de ces divergences au sein même du règne animal, les humains sont capables d'adapter en conséquence leur compassion comme leur empathie.

L'un des moments les plus spectaculaires de la cartographie affective du vivant se joue au niveau des amphibiens, capables de vivre à la fois sous l'eau et à l'air libre. À cet endroit, la courbe de l'empathie double celle de la compassion. Diantre ! Le fait que certains d'entre nous vivent à l'air libre, comme eux, nous ouvre donc l'accès à leur empathie, dont on peut dès lors supposer qu'elle est un sentiment plus fort que la compassion. La compassion n'est en effet tournée que vers la douleur, et l'empathie, vers l'ensemble des états mentaux. Plus d'empathie que de compassion pour les animaux sortant la tête de l'eau prouve que, selon la cartographie affective du vivant, trois mille cinq cents humains ont, en moyenne, prêté plus de vie intérieure aux animaux vivant à la surface, comme eux, qu'à ceux dont ils n'entraperçoivent l'existence qu'à travers l'eau des rivières ou la vitre des aquariums, sur les écrans de télévision ou les étals de poissonnerie. C'est gentil, mais dommage : la frontière au-delà de laquelle les branches du vivant, dont nous sommes, ont besoin que les humains fassent preuve de compassion et d'empathie ne se joue pas à la surface de l'eau, mais de l'être.

Désignant cette frontière, le mot « sentience » a été forgé parce qu'il semblait prendre sa place entre sensible et conscient. En cela, il semblait correspondre à merveille à la place des animaux, à mi-chemin entre les plantes (sensibles) et les humains (conscients), c'est-à-dire entre la simple réaction à un stimulus et la mémoire réfléchie de ce stimulus. Sensible n'est en effet pas un terme assez fort pour désigner ce que nous vivons lorsque, par exemple, nous nous allongeons au soleil : une marguerite étend sa corolle, mais un chat ronronne de bien-être. Le verbe « être », ici, est la clé. Un félin n'est pas seulement sensible au soleil, il se souvient de l'emplacement où donne la lumière, en profite pour y faire sa toilette et regardera la pluie brestoise à regret, réclamant à regagner le balcon dès le retour du printemps.

À l'inverse, les huîtres ne mémorisent rien. Elles se rétractent certes au contact du citron, mais le primate ayant ouvert, au moyen d'un outil, la coquille de l'un de ces bivalves aura sous les yeux l'intégralité des organes qu'elle renferme, et tout loisir de constater l'absence de cerveau. Ainsi, les tissus nerveux réagissent, mais ils réagissent seuls, sans transmettre l'info nulle part, à quelqu'un qui se sentirait concerné. Les huîtres sont sensibles à l'acide, mais ne souffrent pas pour autant. Si l'influx nerveux n'est recueilli nulle part, c'est que le capteur n'est relié à rien, et s'il n'y a personne dans l'huître, alors personne ne souffre. Les plantes, les huîtres, mais aussi les écrans tactiles et les panneaux solaires, sont sensibles, réagissant à la chaleur ou à l'acidité ; ils ne sont pas sentients pour autant. Si l'un des nôtres, animal, reçoit de l'acide dans l'œil, sur les antennes ou sur une plaie ouverte, soyez sûr que ce stimulus-là donnera lieu à tout un panel d'émotions mémorables, et réveillera toute l'intelligence disponible pour y mettre un terme au plus tôt.

Nous savons que nous existons, que notre corps nous appartient et que notre existence dépend de la protection de celui-ci, unique et indivisible. Nous ne nous contentons pas de sentir, nous ressentons ce qui nous arrive et en concevons des souvenirs qui nous permettront, à l'avenir, de reconnaître des situations dangereuses et de nous y adapter. Ces souvenirs se mêlent aux excentricités de la génétique, une personnalité se fait jour, des préférences, des aversions. Pour les exprimer, certains aboient, d'autres miaulent, piaillent ou glapissent ; d'autres encore articulent des sons qu'ils chargent de concepts. Il est aussi possible de les exprimer en se dirigeant simplement là où nous préférons nous rendre : une grenouille du Costa Rica, vers les feuilles d'un arbre ayant recueilli de l'eau ; une vache, hors de l'abattoir où on la force à entrer...

Je est une libellule consciente

La sentience change la donne : soudain, quelqu'un se trouve en charge de l'amas de cellules qui constitue son corps. Hélas, en dehors des cercles animalistes, le mot « sentience » n'évoque pas grand-chose à grand monde. Pour les humains, les mots sont des outils, et le problème d'un mot qui ne leur évoque rien, c'est qu'ils ne sauront pas où le mettre dans leur imaginaire. Et s'ils ne savent pas où le ranger, ils ne s'en serviront jamais. Le populariser demande un temps et des forces vives considérables, un temps que nous n'avons pas. Entré dans le Larousse en 2020, le mot « sentience » est un reliquat de l'époque, révolue, où il n'existait pas suffisamment de preuves de la conscience animale, mais suffisamment de preuves que nous n'étions pas des objets ou des clones, et qu'il était injuste de nous traiter comme des végétaux ou des minéraux. Cet entre-deux du savoir requit l'usage d'un néologisme modéré. De nos jours, c'est avant tout par fidélité aux penseurs qui nous ont défendus sans attendre les Déclarations de Cambridge et de New York que les animalistes l'emploient encore, quoiqu'on n'ait pas attendu d'appeler « sentience » la faculté à ressentir du plaisir et de la douleur pour nous défendre. Les critiques de la théorie de l'animal-machine furent nombreux, tout de suite : Henry More, avec qui correspondait Descartes, puis divers individus des XVIIe et XVIIIe siècles nommés Pierre Gassendi, Bernard Mandeville, Jean Meslier, Gilles Morfouage de Beaumont, et jusqu'à Voltaire. Depuis, la connaissance humaine a excédé ce que ces auteurs croyaient possible.

Nous aurions pu nous contenter d'être sentients pour qu'il soit injuste de nous infliger la chasse à courre, la corrida ou les expériences de laboratoire, mais il est carrément possible d'affirmer, aujourd'hui, que tout ce qui est sentient est conscient. Que l'un ne va jamais sans l'autre. Le mot « conscience », lui, présente l'avantage d'immédiatement faire surgir des associations d'idées. De plus en plus d'animalistes ont d'ailleurs tendance à favoriser la forme déployée « sensibles et conscients » pour nous désigner. C'est un pléonasme, mais la répétition tient de la pédagogie autant que de la diplomatie. Perd-on quoi que ce soit en précision ? Il n'y a qu'à comparer les définitions du Larousse pour le vérifier. La nuance est spectaculairement ténue, et la seconde définition ne désigne rien qui ne soit hors de portée d'un oiseau, d'un mammifère ou même d'un insecte.

> **Sentience,** nom féminin : Pour un être vivant, capacité à ressentir les émotions, la douleur, le bien-être, etc., et à percevoir de façon subjective son environnement et ses expériences de vie.

> **Conscience,** nom féminin : 1. Connaissance, intuitive ou réflexive immédiate, que chacun a de son existence et de celle du monde extérieur. 2. Représentation mentale claire de l'existence, de la réalité de telle ou telle chose. 3. Fonction de synthèse qui permet à un sujet d'analyser son expérience actuelle en fonction de la structure de sa personnalité et de se projeter dans l'avenir.

Imagine-t-on une libellule se poser sur une mare remplie de grenouilles pour y pondre ses œufs sans qu'elle ait, quelque part dans ses neurones interconnectés, la représentation du danger ? Même les exemples correspondant à la troisième définition de la conscience, la plus exigeante, ne manquent plus. Les progrès de l'éthologie font que, désormais, sentience et conscience se recoupent. À quoi bon déployer d'incroyables efforts en faveur d'un néologisme quand tout encourage à piocher allègrement dans le lexique établi de la psychologie ? Nous sommes beaucoup plus que notre quête de plaisir et notre évitement de la souffrance. Ironiquement, les humains se sont longtemps réservé le mot « conscience » et toute la richesse qu'il implique, bien que nous soyons parfois conscients de plus de choses qu'eux.

Je est un étalon sauvage en rut dans le sillage d'une jument en chaleur : je relève ma lèvre supérieure et gorge mon organe voméronasal, à l'intérieur de mon palais, de tout ce qui me conduira vers ma promise, bien conscient de ce qui me guide à elle. Sensibles aux hormones, comme nous, les humains ne se rendent pas compte, eux, lorsqu'elles entrent dans leur bouche et guident leurs comportements ! Eux comme nous bénéficions ainsi d'une conscience… qu'il faudrait appeler « sentience » lorsqu'il ne s'agit pas d'humains ? À d'autres. Le recours à la sentience correspond à de vieux réflexes langagiers incitant à dire « mettre bas » pour « accoucher », « gestante » pour « enceinte », « abattre » pour « tuer »… ou, en anglais, *fish* pour *fishes,* le mot restant singulier même au pluriel, comme si un groupe de poissons n'était jamais constitué que d'un seul animal. Ne vous retenez pas d'employer certains termes de crainte d'effaroucher un auditoire spéciste. Oui, il est légitime de parler de personnes conscientes pour d'autres êtres que l'humain ; faisant cela, vous vous attaquerez à l'omniprésent vernis anthropocentriste. Sur l'instant, il est possible qu'une telle audace lexicale soit condamnée. Comptez alors sur nous, et nos consciences bien réelles, pour nous infiltrer par les écailles du vernis.

Je est une baleine à bosse compréhensible

Hors des livres aussi, les animaux nous parlent. Pas dans notre langue, mais c'est un détail (d'ailleurs, s'ils le pouvaient, nous les comprendrions). Un oiseau éborgné nous dirait qu'il a mal. Un lion en cage dirait qu'il s'ennuie. Padmé dirait qu'elle a peur du vétérinaire. Lorsque, quelques heures après la consultation, je lui ai administré son vermifuge au moyen d'une seringue dans sa mâchoire ouverte, le regard courroucé qu'elle m'a lancé après avoir été relâchée était sans équivoque possible quant à sa traduction en français. La conscience n'est pas indissociable du langage articulé, comme l'ont prétendu certains philosophes et psychologues spécistes. Il suffit, pour s'en convaincre, de fréquenter un enfant qui ne sait pas encore parler… et de tenter d'affirmer à ses parents que ce corps-là, qui cherche à attraper, à manger, qui pleure quand il se blesse et réclame de l'attention, est encore dénué de conscience. L'une des fonctions des outils que sont les mots consiste à faire le point sur ce qui se joue en nous, rien d'autre, à l'exprimer plus nettement ; ne les confondons pas avec notre intériorité. Ce n'est pas parce qu'une personne myope n'a pas de lunettes que le monde est réellement flou autour d'elle, ni parce qu'on éteint le télescope Hubble que les étoiles disparaissent.

L'obsession humaine de parvenir un jour à communiquer avec les animaux au moyen de la technologie est ainsi particulièrement pernicieuse. De nombreux textes et articles scientifiques font volontiers miroiter l'élaboration d'une méthode d'apprentissage des langages animaux au moyen d'intelligences artificielles capables de décoder des schémas, des récurrences, et d'identifier des mots. L'implicite d'une telle quête de traduction « humaine » des langages animaux est terrible : sans manifestation articulée de la pensée, celle-ci devrait rester à l'état d'hypothèse. La posture raisonnable serait ainsi celle de ces saints Thomas réclamant de comprendre le langage des animaux pour croire à leur conscience, et se contentant de conjecturer en attendant. Comme s'il fallait que les cétacés possèdent des mots signifiant « maman » ou « douleur » pour que de telles choses existent en eux !

Cette obsession pour le langage articulé porte un grand nom, à ranger aux côtés du spécisme et de la mentaphobie, dont elle est un levier : le logocentrisme. Ses tenants rêvent d'une révélation qui serait à portée de main si seulement nous pouvions traduire les animaux. Quels maîtres ils seraient ! Quelle profonde sagesse serait celle de leurs disciples ! Combien de contemporains de la Déclaration de New York se contentent encore de présenter les animaux comme des êtres seulement sensibles, voire de se demander si les cétacés rêvent ou non ? Je est un disciple de la sagesse des animaux, et je confirme que les animaux n'auraient rien d'autre à nous enseigner que l'antispécisme. Nous sommes des personnes. Traitez-nous comme telles.

La question se pose alors de la traduction du langage animal au sein de notre littérature. Faut-il nécessairement démantibuler notre langue pour donner l'impression d'animaux parlants ? J'avoue ne pas être convaincu par cette méthode, et si ces pages recourent au « je est » de Rimbaud, c'est qu'il indique un décentrement autant qu'il affirme l'existence d'une subjectivité des bêtes. Pour le reste, quitte à faire parler français un animal afin de traduire ses états mentaux, à quoi bon s'arrêter en si bon chemin ? Qu'ajoute au réalisme l'impression d'un langage diminué, sinon l'impression d'un esprit qui l'est aussi ? Je est un malinois à qui l'on intime, cinquante fois par jour : pas bouger ! De temps à autre, mes maîtres s'absentant, quelqu'un d'autre me garde. Ne bouge pas, m'ordonne-t-on alors, comme on s'adresserait à un enfant turbulent. Je ne fais aucune différence entre le verbe à l'infinitif et le verbe conjugué, les deux m'étant également compréhensibles. Ce que je sais, en revanche, c'est que les humains qui s'adressent à moi comme si j'étais trop idiot pour comprendre l'impératif me traitent beaucoup moins bien que ceux qui font suffisamment confiance à ma mémoire des sons, et des intonations.

Je n'est pas une étoile de mer

En vacances à Édimbourg, j'arpente une grande salle obscure en compagnie d'Elsa. Les clichés récompensés au concours de photographie animalière Wildlife Photographer of the Year, fondé à Londres en 1965, y sont agrandis, rétroéclairés, et nous marchons calmement d'un instant figé au suivant. Lynx baigné de lumière espagnole. Chouettes israéliennes. Mère hippopotame et ses rejetons. Baleine franche australe tendant une nageoire vers l'objectif. « C'est conscient, une étoile de mer ? », s'interroge Elsa devant l'étonnant cliché d'un échinoderme rouge, dont les bras sur un rocher hérissé de moules reproduisent à la perfection la courbe de la vague à l'arrière-plan. Nous ne regardons pas les images de la même manière selon qu'elles représentent quelqu'un ou non. Dans le premier cas, nous pouvons nous projeter à la place de l'animal, nous savoir proches de lui ; dans le second, nous restons seuls avec notre imaginaire, ce que nous cherchons à éviter. La fiction est plurielle, le réel est singulier. La fiction n'appartient qu'aux humains. Les animaux, les vrais, ceux que nous pouvons rencontrer, ne fréquentent que le réel. Si nous tenons à eux, c'est là qu'il faut rester.

J'avais été surpris, quelques minutes plus tôt, par la photo d'une moule de ruisseau surprise en train de cracher. Le jet ressemblait à s'y méprendre à celui des poissons archers, ces petits malins des mangroves sud-asiatiques, capables de prendre en compte la réfraction de la lumière dans l'eau pour dégommer des insectes au-dessus de la surface. Très, très conscients, pour le coup. Est-ce que j'avais loupé quelque chose à propos de ces bivalves ? S'ils sont assez différents des huîtres et des moules (ils sont capables de se déplacer), je n'avais jamais rien lu au sujet de leur sentience, encore moins de leur conscience. Sauf que, pour cracher… C'est ici qu'il importe de rester dans ce « monde réel singulier » qui est le nôtre. J'étais à deux doigts d'assimiler un poisson spécialiste de la diffraction de la lumière à… un coquillage en train d'expulser ses œufs, une action n'impliquant pas plus de processus cognitif que celle de répandre ses spores pour un champignon.

Sans surprise, les échinodermes (étoiles de mer, oursins, ophiures) et les cnidaires (méduses, mais aussi coraux et anémones) ne sont pas plus conscients que les moules de ruisseau, les huîtres ou les éponges, que les bactéries, les plantes ou les champignons. Ce sont des êtres vivants extrêmement anciens, chez qui aucune trace de subjectivité ne transparaît. Les bivalves, par exemple, peuvent être équipés de dizaines de capteurs sensibles à la lumière sur le rebord de leur coquille, que nous pourrions facilement prendre pour des yeux. Chez nous, animaux humains, les capteurs visuels sont reliés à notre cerveau, où s'élabore un monde visuel. Chez Padmé, chez Phœbe aussi. Chez tout ce qui pense. Pas chez les moules de ruisseau, dont les capteurs ne donnent lieu à aucune image visuelle de l'objet détecté. Cela ne veut pas dire qu'il faut en profiter pour déchaîner notre colère sur les étoiles de mer, même si chacun des bras coupés peut se régénérer et former un nouvel individu, à l'image des plantes que l'on bouture… mais pas des lézards. Tout est là. Continuons de nous poser des questions : le principal est simplement d'y répondre en toute bonne foi, sans guillemets, hors de la cage mentale de notre spécisme intégré.

Je est un tapir surpris par le flash

L'une des catégories du concours Wildlife Photographer of the Year s'intitule « Animal Portraits ». Elle met en valeur des photographies où le regard d'animaux avec des yeux, de vrais yeux, révèle quelque chose de ce qui se joue en eux. Ces clichés sont parvenus à capter, dans ces consciences singulières, quelque chose de reconnaissable. Le gagnant, un tapir du Brésil pris d'assez près regarde son photographe et s'apprête à rebrousser chemin, craintif mais pas terrifié. À côté, une rascasse blanche tapie sous le sable ne dit pas grand-chose d'autre que la menace de ses yeux au sommet de sa tête, mais son visage semble avoir été sculpté dans la pierre d'Angkor. Plus à droite, un renard polaire à trois pattes baigne, en pleine mue, dans une lumière dorée, attentif à quelque chose hors champ. Puis, en noir et blanc pour atténuer le carnage, une hyène tient dans ses mâchoires, comme un monstrueux masque, le crâne fraîchement décapité d'un zèbre. Elle surveille si, dans son dos, personne ne la suit, à moins qu'elle ne se méfie de la présence du photographe à proximité. Un bison, enfin, en pleine charge dans la neige, ouvre grand son œil noir, excité par un prédateur, un concurrent ou autre chose.

Cinq consciences, sous cinq fronts. C'est dans la tête que cela se passe : derrière le front des chouettes, des hippopotames ou des poissons. C'est ici que ça pense, beaucoup, pas beaucoup, peu importe. Qu'un harpon atteigne le dos de la baleine franche australe qui tendait sa nageoire, qu'une orque lui morde la caudale ou qu'elle caresse son petit du bout de la pectorale, c'est dans sa tête, son immense tête, que le monde prend forme, s'agglomère, s'enregistre et donne naissance aux émotions. Joie : ces émotions non plus n'ont rien de mystérieux. Comme les hormones, ce sont des composés chimiques : dopamine pour le plaisir, cortisol pour le stress, ocytocine pour l'amour, adrénaline, sérotonine… Nos émotions n'ont jamais été autre chose que des traits animaux.

Dans les océans du Cambrien, avant la troisième extinction de masse, poissons et arthropodes évoluèrent conjointement, développant, entre autres, les organes qui allaient devenir, 500 millions d'années plus tard, nos yeux de primates. Ces animaux éprouvaient déjà les émotions sous la forme des nôtres. Leur stress, c'était déjà du cortisol. Toutes les émotions ne sont peut-être pas apparues en même temps, et il y a fort à parier que la peur a été la première (c'est un excellent outil de survie). Il n'y a rien d'illogique à présumer que les hormones, et les composés chimiques formant les émotions, ont été à l'origine de l'apparition des toutes premières consciences. Ce qui est indubitable, c'est que la conscience n'a pas attendu le crâne du premier *Homo sapiens,* il y a deux secondes – ou trois cent mille ans, ce qui revient au même –, pour émerger. De telles conclusions peuvent vexer, je l'admets. Elles éclairent également beaucoup de choses. Un dinosaure ayant vu éclore ses petits dans son nid, un beau jour du Crétacé, n'a pas éprouvé un plaisir très différent de celui de Napoléon à Austerlitz, de celui de Padmé me voyant rentrer de vacances ou de celui de ma filleule quand elle a appris à se servir toute seule du stylo qu'elle m'avait chipé. Ce relativisme antispéciste est le descendant direct de celui d'un Victor Hugo, président de la Ligue contre la vivisection, exilé sur Guernesey, qui notait dans son *Art d'être grand-père* que son plaisir de poète valait celui des empereurs : « Moi pendant ce temps-là, je maraude, et je cueille / Comme vous un empire, un brin de chèvrefeuille. » Chimiquement, il valait aussi celui des pieuvres, des fous de Bassan et des phoques.

Je est un humain pétri de préjugés

Les animaux ne s'y trompent pas, eux qui nous fixent dans les yeux lorsque nous leur parlons. Pas dans les narines, pas dans la bouche. Qu'il s'agisse d'un chat, d'un renard ou d'un dauphin, ce sont vos yeux qu'ils chercheront lors de leur rencontre avec vous, par reconnaissance. Ils savent bien que c'est là, que c'est par là, que la conscience se passe.

Il serait franchement triste que, par spécisme, nous doutions ou redoutions de nous reconnaître dans l'œil des animaux. Eux ne s'en privent pas. L'antispécisme entier repose sur ces fronts pensants, habités. Tel est ce qui devrait nous autoriser à parler, sans retenue, de personnes non humaines, ou extrahumaines. En rejoignant les rues d'Édimbourg – et ce cimetière, Greyfriars, dont la première tombe est celle d'un chien –, deux choses sont très claires. Premièrement, les formes de la conscience sur terre sont d'une beauté ahurissante. Deuxièmement, les photographier ne suffit pas à nous en montrer dignes. Il faut aller au-delà de la surface. Il faut passer derrière le front.

Quelques jours après l'exposition du concours Wildlife Photographer of the Year, je rentre chez ma mère, qui a gardé Padmé le temps de mon voyage. Quand je descends de la voiture, la chatte est à la fenêtre de ma chambre d'ado, mirador qu'elle apprécie particulièrement car il surplombe une intersection animée – elle apparaît d'ailleurs sur l'image Google Street View du bâtiment, ce qui n'est pas un mince honneur. Elle est ici à mon retour, et je lui adresse un signe de la main depuis la rue. Elle se relève, me regarde, écarquille les yeux et détale en direction de l'escalier qui conduit au rez-de-chaussée. Rien d'extraordinaire du point de vue des animaux, c'est certain, mais je me retrouve ému aux larmes, éthologiquement bouleversé. Quoi, la vue suffit donc à Padmé pour me reconnaître ? Elle peut le faire de loin, derrière une vitre ? Sans le recours à l'ouïe ou à l'odorat, ces sens plus animaux ? Je reçois la confirmation – comme si elle était nécessaire après sept ans de vie commune – que Padmé sait à quoi je ressemble. On s'imagine facilement que nos animaux ne connaissent de nous que l'odeur de nos mains ou le bruit de nos pas. Nos préjugés ont la vie dure. Padmé vient de reconnaître mes traits.

Comme les chevaux et les baleines bleues, les abeilles et les flamants roses, Padmé n'est pas tout ouïe ou tout odorat, elle n'est pas seulement le réceptacle de sensorialités différentes des miennes. Pas seulement sentiente, donc, mais consciente de qui je suis, et même du temps qui a passé depuis mon départ puisqu'elle ne se serait jamais précipitée de la sorte si j'étais simplement parti faire les courses. La conscience de qui je suis et la conscience du temps éclatent là, au même instant. L'horloge interne des animaux est d'une incroyable précision. Je est un tapir qui, chaque soir à la même heure, vient fouiller les poubelles d'un campement brésilien. Je est un écureuil arpentant chaque jour, à la même heure, les mêmes coins de ma forêt en quête des graines que j'y ai enfouies. Je est ma filleule de deux ans réveillée à 5 h 30, heure de son biberon matinal, et je suis folle d'injustice lorsque ma mère, qui s'est couchée tard et n'a pas regardé l'heure, me refuse mon dû et m'intime de dormir.

Je est un lapin bélier conscient de ses bêtises

Nul besoin de passer sa thèse en laboratoire ou de partir à l'autre bout du monde pour être témoin de la conscience des animaux, et de ce qui y est associé. Conscience morale, conscience de soi, conscience de ce que l'on ignore et de ce que savent les autres. Je surprends souvent Phœbe dans la litière de sa sœur, s'amusant à creuser. Elle n'a absolument pas le droit de jouer dans les excréments de la famille, et elle le sait : je la chasse systématiquement. Ce que je sais aussi, c'est qu'elle a conscience de faire quelque chose de mal, car elle déguerpit de plus en plus vite quand j'arrive. Est-ce si différent du comportement des enfants ? Accessoirement, elle ne le fait jamais devant moi, et attend que je sois occupé ailleurs ! C'est qu'elle sait aussi que je pourrais la voir : en bref, elle sait que je sais. Les éthologues appellent cette compétence la « théorie de l'esprit », un joli nom pour désigner ce qui permet à Phœbe d'aller gauiller dans le pipi de sa sœur…

Sans conscience morale, pas de cohésion sociale. Ce serait l'anarchie. Pourtant, les sociétés animales sont innombrables. Je est la hyène photographiée au Kenya, le crâne d'un zèbre dans les mâchoires, et je viens, par éternuement, de participer au vote de mon clan, qui se demandait où dévorer notre festin. Je est une orque vieille comme un albatros, connue de tous mes petits-enfants et arrière-petits-enfants, que j'ai contribué à éduquer, et les jeunes générations prennent soin de moi, plus vulnérable depuis quelques années, m'offrant parfois des morceaux de leurs chasses. Je suis plus âgé que les découvertes qui me permettent d'écrire ces lignes sans craindre de verser dans un anthropomorphisme débridé. À quoi ressemblera le monde lorsqu'elles auront un siècle ?

Si nous sommes de bonne foi, les questions les plus vertigineuses n'auront plus rien de marginal. Nous éprouvons, par exemple, encore des réticences à parler de conscience animale pour ce que le terme implique de structuration de l'esprit en « conscient » et en « inconscient ». Or, comment approcher l'inconscient des animaux ? Pour parvenir à approcher le leur, les humains parlent des heures, allongés sur un divan ou raidis sur un fauteuil. N'attendons pas de parvenir à atteindre l'inconscient des baleines de Cuvier pour y croire. L'inconscient des animaux – a fortiori des vertébrés, comme nous – nous crève les yeux à chaque fois qu'un chat, qu'un chien ou qu'un lapin se met à rêver près de nous. Bien sûr, il aura fallu des études, des électrodes et des trépanations pour montrer que l'aire du cerveau des rats qui s'active lorsqu'ils rêvent est celle qui s'active lors de leurs allées et venues dans les labyrinthes, en l'absence d'activité consciente… Les guillemets auxquels nous recourons pour désigner la conscience animale ne valent pas mieux que les barreaux qui nous séparent d'eux quand nous les enfermons, que les vitres des delphinariums ou que la certitude erronée qu'ils ne sont pas comme nous. Parce que la conscience des animaux ne s'exprime pas comme la nôtre, on leur a dénié le psychisme en bloc. C'est de l'étroitesse d'esprit, rien de plus. « Les animaux rêvent, le fait est indiscuté, écrit Florence Burgat dans *l'Inconscient des animaux,* or le rêve, le fait même de rêver, atteste l'existence d'un régime psychique qui répond à une autre législation que celle de la conscience, et donc la cohabitation de deux champs psychiques. » Il ne lui a pas été nécessaire de disséquer de souris blanches pour parvenir à cette découverte.

À ce stade de votre lecture, vous vous demandez sans doute où sont les titres des revues d'éthologie dont j'infère tant de certitudes sur la conscience animale. *Nature, Science, Current Biology, Behavioral Neuroscience, Journal of Experimental Psychology, Psychological Science…* Où sont les preuves ? La réponse est : autour de vous. Ne voyez-vous pas un nid par votre fenêtre ? Un pigeon filer droit vers un perchoir dont il a le souvenir ? Ne voyez-vous pas un couple de pies, des oiseaux monogames, capables de se reconnaître l'une et l'autre alors qu'il vous paraît, à vous, qu'elles ont toutes la même tête ? Ne voyez-vous pas un chien attendre que son humain, à l'autre bout du parc, le rejoigne ? Quant à notre Phœbe, elle vit en liberté dans l'appartement : les lapins enfermés tendent à devenir plus stressés et agressifs. Comme tout le monde, mais il a fallu des études pour le démontrer. Exiger des preuves de l'intelligence des animaux me semble profondément égocentré : c'est comme si on leur demandait de prouver leur innocence. J'y vois même quelque chose de vaguement colonialiste : à l'instar de Christophe Colomb et de ses successeurs, convaincus d'avoir « découvert » tout un continent, nous « découvrons » des traits animaux qui étaient là depuis toujours, mais semblent devenir réels parce qu'ils existent à nos yeux. Et en attendant ? À l'abattoir. Aux arènes. En enfer.

Pour ces raisons, j'avoue trouver les comptes rendus éthologiques barbants au possible. J'évoquais plus haut la conscience du temps chez les animaux : j'aurais dû vous renvoyer à une étude intitulée « Mémoire épisodique chez le porc ? », d'après Kouwenberg et al., vieille de quinze ans (2009). L'étude conclut que les cochons se souviennent des environnements qu'ils ont déjà visités, et qu'il est raisonnable de généraliser cette compétence à d'autres espèces sans attendre d'autres études. Sans rire ? Généralisons, donc. Les livres d'écologie, quant à eux, sont saturés de nombres indiquant notre impact précis sur le monde, l'ampleur au kilogramme près de la dévastation. Ceux-là ont atteint le point où notre société se trouve immunisée. Si les études ont amorcé une dynamique, quelque chose d'autre doit prendre le relais. Quelque chose de plus intime, de plus émotionnel. Les philosophes des Lumières ont préparé le terrain de la Révolution française mais, sans la colère des Parisiens et des Parisiennes affamées, qui n'avaient jamais lu de livre de leur vie, les Bourbons auraient gardé la tête sur les épaules, et les pieds sur le peuple.

Il y a, c'est certain, quelque chose d'agréablement divertissant à se gorger de découvertes éthologiques, mais ce n'est pas le plus important. Peu importe le nombre exact d'individus extrahumains capables d'utiliser des outils, ils sont probablement des milliards ! Certains en inventeront sans doute de nouveaux à l'avenir. Je peux facilement imaginer que, sans l'avènement d'*Homo sapiens,* qui les a renvoyés dans les arbres, les orangs-outans auraient eu leur âge de pierre il y a quelques dizaines de milliers d'années aussi. Quant à l'éthologie cognitive, elle s'appuie souvent sur des expériences en laboratoire à la lecture desquelles j'ai cessé de m'émerveiller : tous ces rats, ces fourmis et ces dauphins à qui on enseigne des tours pour révéler des compétences qu'ils maîtrisent à l'évidence, et depuis toujours, mais dont on exige qu'ils les révèlent dans le cadre de la science humaine, selon nos codes, vous ne pensez pas qu'ils avaient autre chose à faire ?

Je est un puffin cendré exaspéré

Dans *la Libération animale,* paru en 1975, le philosophe australien et père de l'antispécisme Peter Singer passe autant de temps à décrire les conditions de vie des animaux captifs des humains qu'à philosopher. Ces chapitres sur les laboratoires et l'industrie de la viande sont insoutenables. Il s'y demande notamment : « Est-il juste que des milliers d'animaux souffrent pour qu'une nouvelle sorte de rouge à lèvres ou de cire à parquet puisse être commercialisée ? N'avons-nous pas déjà un nombre plus que suffisant de la plupart de ces produits ? » J'aurais tendance à penser la même chose de tout un pan de l'éthologie. Souvent, de surcroît, le résultat des expériences ne sert à rien, sinon à alimenter un nouvel article « insolite » dans les journaux de grande distribution : si c'est pour que les animaux restent des animaux, à quoi bon ? Si l'on découvrait que les martins-pêcheurs savent lire ou que les tarentules sont capables de composer de la musique, croyez-vous que le monde changerait ? On en ferait quelques articles, quelques livres, quelques documentaires… puis on refermerait la porte.

À l'inverse des éthologues qui vont au contact des animaux, sur leur territoire, avec ce que cela implique de respect et d'humilité, d'autres me font l'impression de gosses addicts à Candy Crush, qui relancent expérience sur expérience pour le shoot de dopamine d'obtenir une récompense supplémentaire : les rats-taupes nus ont mal quand on les pince (Amoroso et al., 2023), les puffins cendrés peinent à retrouver leur nid quand on les déplace à 800 kilomètres et qu'on les asperge de spray nasal pour inhiber leur odorat (Gagliardo et al., 2013)… Une sorte de docteur Mengele animalier, un certain René-Guy Busnel, raconte même dans certaines expériences avoir réussi à poser des caches sur les yeux d'une baleine dans le but de révéler je ne sais quelle compétence « cétacéenne » au ras des pâquerettes.

Définir la conscience n'a certes rien d'une évidence, philosophes et neuropsychologues ne diront pas l'inverse. C'est ce qu'a de séduisant le concept de sentience : on souffre ou non, c'est simple. Mais nous n'avons plus besoin de cette précaution. Peu importe ce que vous mettez derrière le mot « conscience » – conscience noire, conscience blanche, conscience rouge, conscience verte, conscience bleue –, il y a de fortes chances pour que cela désigne ce qui se joue aussi dans la tête de tous les vertébrés, arthropodes et céphalopodes. Toutes les images que ce mot fait surgir en vous, gardez-les en tête, vous en aurez besoin, toute votre vie, pour constater que cela s'applique aussi aux extrahumains que vous croisez. À l'occasion, une étude scientifique paraîtra pour démontrer la pertinence de ce principe : alors, vous vous émerveillerez… sans pour autant être étonnés. Nous n'avons pas besoin d'une définition précise de la conscience pour savoir ce qui est juste.

Je est un faucon pèlerin, et mon cerveau traite les informations spatiales plus vite que celui des humains. La découverte date d'hier ; il n'y a pas si longtemps, l'on prenait encore les oiseaux pour de gentils crânes de piaf, bavards et bizarrement doués pour l'architecture. N'était-ce pourtant pas l'évidence même ? Un animal capable de pointes à plus de

100 kilomètres à l'heure n'a-t-il pas intérêt à réfléchir plus vite qu'un humain, dont la vitesse de pointe ne dépasse pas les 43 kilomètres à l'heure ? Pourtant, combien de merveilles technologiques ont été nécessaires pour en arriver là, pour mesurer la vitesse des connexions neuronales dans la tête d'un canard ou d'un rouge-queue ? Et combien d'expériences en laboratoire, combien d'injustices ?

J'aime d'amour la quiétude des villages traversés de chats, celle des steppes qui abritent les renards, celle des océans où dorment les dauphins, mais j'aime différemment les chats, les renards et les dauphins, les guêpiers et les macareux, les abeilles et les furets. Quelque chose les rattache à moi qui les distingue du monde végétal et du monde minéral : leur conscience. Elle est ce qui fait d'eux des personnes. Ce livre est un livre d'amour, pas de philosophie ; il y est question des personnes qui s'envolent ou nous fuient lorsque nous plongeons dans l'eau, autant que de celles qui les font déguerpir. Il est question du monde et de la place qui est la nôtre en son sein, à nous, animaux n'ayant d'humain que la quantité d'outils en nous. Ce livre est celui d'un animal plaidant pour qu'on regarde ses semblables dans les yeux. Souvenez-vous de moi tel que vous me découvrez dans les études d'éthologie, moi qui existe vraiment : moi, le conscient, moi qui vous regarde et me souviens de vous, depuis le ciel, la rivière ou la forêt, au bout de ma laisse, sur un canapé ou dans un élevage.

Je est un animal considéré pour ce qu'il a toujours été

Ayant considéré cela, il nous revient d'amender quelques branches au buisson du vivant. Notre espèce s'est auto-baptisée *Homo sapiens sapiens,* l'homme qui sait qu'il sait.

Tant que nous nous appuierons sur les noms latins donnés aux animaux par des hommes qui s'imaginaient être les seuls êtres conscients de la planète, nous jouerons le jeu du spécisme qui décime les forêts et vide les océans. À chaque fois que l'on vous avancera un « c'est le propre de l'homme », demandez-vous si *Pan troglodytes,* votre plus proche parent, n'est pas doté aussi de cette caractéristique. La réponse sera toujours oui, à l'exception, je l'ai déjà admis et regrette de le faire encore, de ces miroirs suspendus à l'intérieur de notre conscience.

Passe que ces miroirs redoublent le mot « sapiens » de notre taxon, mais que *Pan troglodytes,* le chimpanzé, n'y ait même pas droit une seule fois est une aberration. On dira donc : *Pan troglodytes sapiens.* Les découvertes sur l'intelligence des cétacés ne devraient pas nous permettre d'hésiter non plus.

Baleine bleue : *Balaenoptera musculus sapiens*
Baleine à bosse : *Megaptera novaeangliae sapiens*
Cachalot : *Physeter macrocephalus sapiens*

S'il faut des preuves, voici les espèces dont les humains ont constaté qu'elles avaient conscience d'exister, parce qu'elles ont essayé de retirer une tache qu'on leur avait mise sur la tête en la voyant dans un miroir :

Orque : *Orcinus orca sapiens*
Grand dauphin : *Tursiops truncatus sapiens*
Bonobo : *Pan paniscus sapiens*
Orang-outan de Sumatra : *Pongo abelii sapiens*
Gorille des montagnes : *Gorilla beringei beringei sapiens*
Macaque rhésus : *Macaca mulatta sapiens*
Éléphant de savane d'Afrique : *Loxodonta africana sapiens*
Otarie de Californie : *Zalophus californianus sapiens*
Grand corbeau : *Corvus corax sapiens*
Pie bavarde : *Pica pica sapiens*
Perroquet gris du Gabon : *Psittacus erithacus sapiens*

Les suivants n'ont pas passé le test du miroir, mais des tests similaires.
Poisson-zèbre : *Danio rerio sapiens*
Fourmi noire : *Lasius fuliginosus sapiens*
Chien : *Canis lupus familiaris sapiens*
Cochon : *Sus domesticus sapiens*

Si l'on se fie à la Déclaration de New York, la quantité de mises à jour nécessaires est vertigineuse, y compris chez les espèces dont aucun individu n'a encore officiellement passé le bac des animaux.
Chat : *Felis catus sapiens*
Lapin bélier : *Oryctolagus cuniculus sapiens*

10.
HUMANITÉS ANIMALES

Ai-je une idée si basse de l'humanité que je rendrais volontiers la planète aux animaux ? Je pense pouvoir répondre que non. J'avoue un faible prononcé pour nos progrès en médecine. Ces derniers s'appuient sur des monceaux de cadavres et des souffrances innommables, humaines et non humaines, sur les champs de bataille, les écoles de médecine et les laboratoires ; mais leur contribution à la réduction de la douleur et du deuil est prodigieuse, y compris au bénéfice d'autres espèces que la nôtre. Cela ne veut pas dire que les humains sont seuls à pratiquer la médecine, comme le découvre, peu à peu, la zoopharmacognosie, mais, pour avoir assisté à une opération à crâne ouvert sur un enfant de deux ans dans le cadre d'un reportage, je peux affirmer que nous sommes des virtuoses de la chirurgie réparatrice cranio-faciale. Quand je dis « nous », cependant, je m'identifie prétentieusement à une entité abstraite qui m'échappe un peu. Une formule plus exacte, moins encline à « nous » remettre sur un piédestal doré, consisterait à écrire : « Certains des nôtres sont très forts en chirurgie réparatrice cranio-faciale. » En effet, pas plus qu'un saïmiri, un capybara, un zébu ou une pintade, je ne réaliserai d'opération à crâne ouvert sur qui que ce soit. Sur ce point, je est totalement un animal, et pas du tout, mais alors pas du tout, un chirurgien de l'hôpital Necker.

Je est un chien traité mieux qu'un chien

À cette humilité antispéciste, absolument sincère, correspond une humilité de façade associée à la fierté d'être « nous ». Des siècles durant, nous avons conclu que, puisque nous sommes intelligents et que les animaux ne nous ressemblent pas, alors les animaux ne sont pas intelligents. C'est ici qu'intervint l'humilité de façade : plutôt que de les déclarer stupides, nous avons décrété qu'ils étaient « différents », sans savoir expliquer comment, toutes les études révélant plutôt l'inverse. Différents. Autres. Façon de nous débarrasser d'un spécisme trop voyant. Ce que nous appelons l'« altérité animale » ne nous dépasse en fait pas tant que ça. L'altérité, c'est ce qui n'est pas nous ; mais comme rien ne saurait rester figé chez nous autres, animaux constamment animés, l'altérité va et vient en retour. Elle mue en permanence. Ce n'est pas le vaste ensemble fascinant, monolithique, qui nous vient à l'esprit lorsque nous en prononçons le nom, « altérité ». Plus monolithique encore : « altérité animale ». L'altérité, animale ou non, c'est le monde, ce sont des gens. Des variations de nous, des émotions dans des écrins de chair, des désirs et des peurs, le trésor de la conscience dans une affolante variété de formes. Une panthère des neiges qui, loin de toute magie, marque son territoire par un jet d'urine n'éprouve pas, au moyen de ses neurones – qui sont aussi les nôtres –, d'émotions qui nous dépassent. Le simple fait d'y voir une altérité pose question.

Dans le domaine de la poésie, « je est un autre » autant que vous voulez. Dans le domaine de l'éthologie, de l'éthique, de la justice ? Je est un animal. L'altérité est, en creux, un moyen de nous définir, nous, et de prendre le risque de nous scléroser dans ce que « nous » est. À ce titre, les rencontres entre animaux me paraissent fournir un excellent modèle. Je ne suis pas sûr que Phœbe considère Padmé comme une « autre », et vice versa. Elle y voit une autre personne, certes, mais pas au sens où, solennellement, nous l'entendons : leurs différences morphologiques et cognitives passent rapidement au second plan, derrière les modalités de leur lien et de leurs interactions. C'est nous, avec nos miroirs plein la conscience, qui nous sommes mis en tête de fabriquer de la différence là où il n'y en avait pas vraiment, avec pour objectif prévisible d'utiliser cette différence pour nous valoriser, pour dominer, pour nous goinfrer. Nous avons pris les animaux, et nous en avons fait des « autres ». En effet, qui aurait envie d'être traité comme un chien ? Certainement pas les chiens.

Admettons nos différences avec les autres espèces (celle-ci vit dans l'eau, celle-ci mange ses crottes, celle-ci ne se nourrit que de chair...), sans faire de cette altérité une arme au service de leur exclusion et de leur domination. N'instrumentalisons pas la différence pour éviter de nous poser des questions morales. Embrassons ce que nous n'attribuons encore qu'aux animaux domestiques, étendons-le à toutes les espèces conscientes : ce sont des personnes, leur voix est la nôtre, et nous en sommes responsables. Notre problème, plus que jamais, est d'assurer les conditions de vie de ces milliards d'individus, de ces milliards d'altérités, qui ne nous dépassent pas, mais nous fondent, et résistent.

Je est un dromadaire abruti par la solitude

Les animaux résistent, oui, et nous les ignorons. Les vaches cherchent à sortir des bétaillères, et elles sont traquées par la gendarmerie lorsque, miraculeusement, elles y parviennent. Nous peinons à reconnaître là une voix, un vote de tout le corps en faveur de la libération. Au-delà du fait que nous sommes conditionnés pour trouver cela acceptable, pourquoi ne nous paraît-il pas incongru de prétendre qu'il ne se passe rien, ou si peu, dans la tête des animaux ?

Imaginez un instant que vous êtes un écrivain français au Tibet. Dans votre longue-vue, vous regardez une panthère des neiges à l'affût. Elle avance, tapie, dans un corridor rocheux ouvert sur la falaise. À quelques mètres de là, des bharals paisibles profitent de leur journée. Votre attention s'attarde sur le mouvement des pattes arrière du prédateur, d'une précision étonnante. Pourtant, vous avez l'impression d'avoir mieux conscience du corps de la panthère que la panthère elle-même, qui semble se déplacer avec une facilité telle qu'elle confine à l'automatisme. La quadrupédie vous induit en erreur : vous, animal n'ayant qu'à baisser les yeux pour se contempler vos mains et vos pieds, vous dites alors que les panthères, comme les vaches, ne regardent jamais leur corps. D'ailleurs, aucun individu de ces espèces n'a encore passé le test du miroir. Elles se grattent parfois, font fuir une mouche, se lèchent lors de leur toilette, mais la plupart du temps leur regard reste fixé devant elles. Pire : le corps des vaches – comme celui des bharals, également des bovidés – se situe précisément dans les 30 degrés qui manquent à leur vision panoramique, derrière leur crâne. En dehors de leur toilette minutieuse et parfois mutuelle, les grands félins ne semblent pas faire grand cas de leur corps non plus. Cette impression est plus forte encore dans le cas d'animaux qui ne se regardent jamais eux-mêmes. Nous en avons déduit qu'ils ne savaient pas qu'ils existaient, que nous pouvions nous les approprier.

Dans les abattoirs, nous pouvions presque croire qu'il ne se passait rien de mal, puisque la tête des bêtes condamnées semblait déjà voyager seule, distincte de leur corps. Quoi, cette vache qui ne s'est jamais retournée voudrait soudain faire demi-tour ? Pour sauver un corps situé derrière elle, dont elle n'a jamais fait grand cas ? Il fallait y penser avant. Le point aveugle de son champ de vision devient ainsi notre point aveugle à nous, qui ne percevons rien de sa détresse. De surcroît, notre appétit nous pousse à prêter moins de compétences cognitives aux animaux « comestibles » qu'aux autres, et à leur en prêter encore moins avant l'heure du repas qu'après. Gare, toutefois, à la vision misérabiliste des bêtes : la détresse n'est qu'une émotion parmi d'autres à portée des bovidés, du Tibet à la Normandie. Les animaux sont plus que leur douleur ; leurs capacités cognitives, notamment sociales, sont immenses. Il se peut néanmoins que la vie intérieure d'une vache exploitée soit moins riche que celle d'un bharal partageant le territoire des panthères des neiges. Nous rendons symboliquement les animaux stupides, mais il n'est pas à exclure que nous les vidions aussi, activement, de leur monde intérieur, ne serait-ce que parce que le bétail, poussé à se développer plus vite, issu de souches génétiques dupliquées à l'infini, n'a rien le temps d'apprendre. En considérant les animaux comme des bêtes, on les traite comme des bêtes ; en les traitant comme des bêtes, nous les rendons « bêtes ».

Je est une vache, un cochon, un saumon, un lapin d'élevage. Je n'ai connu que la claustration et l'expérience routinière de la douleur ou du désagrément. Quelle vie cognitive pourrait être la mienne ? Que pourrais-je connaître du monde, de ce qu'il aurait pu m'offrir, quand j'entre dans le camion qui me mène à la mort ? De quoi d'autre que ma cage puis-je rêver dans mes phases de sommeil – je n'ose pas dire mes nuits – sous l'éclairage artificiel ?

Je est un chameau, un dromadaire, un lama, un poney, trimballé de ville en ville dans les remorques d'un cirque itinérant. Je passe mes journées seul, moi pourtant social, dans des box d'où je ne peux qu'entrapercevoir le ciel, scruté moi-même par des inconnus, traîné parfois sur une piste rugissante où j'accomplis des gestes dont la finalité m'échappe, sinon qu'elle me rapportera de la nourriture et m'évitera les brimades. Que voulez-vous que je pense ? Même selon les standards intellectuels de mon espèce, j'ai l'esprit bridé, abattu, confiné. Je ne peux rien imaginer. Je ne peux qu'attendre.

Les humains découvrent tout juste, avec la conscience animale, l'existence de psychoses dans d'autres corps que le leur. Les animaux nés et morts au sein de l'industrie alimentaire sont ainsi névrosés ; peut-être pas tous de la même manière. Le passage par l'abattoir n'est que le bouquet final d'une existence déjà largement traumatique, car un esprit a besoin de conditions précises pour s'épanouir. La loi ne pense qu'à l'épanouissement des corps. L'esprit en est indissociable. L'élevage fabrique à la chaîne des animaux dont il proscrit l'épanouissement psychique et le développement d'une personnalité. La science-fiction s'est suffisamment interrogée sur ce qui arriverait à des humains traités de la même manière, du *Meilleur des mondes,* d'Aldous Huxley (1931), à *The Island,* de Michael Bay (2005). Ainsi, le monde intérieur des animaux s'enrichirait-il si ces derniers étaient traités comme des personnes. Animaux d'élevage, sauvages ou liminaires ne seraient plus là pour faire don de leur corps à la gastronomie, mais simplement nous accompagner lors de notre fugace traversée du réel. Cessant d'être des proies ou des menaces, ils quitteraient la géographie de la peur que nous leur imposons. Qu'on se souvienne d'Arec, le goéland : ses souvenirs de nuits passées en appartement, dans un panier près d'une petite chienne, ne sont-ils pas d'ores et déjà plus riches que ceux de ses congénères, cantonnés aux quais et aux toits ?

Tandis que nous pourchassons les vaches sorties des bétaillères, votant pour leur survie, abeilles, lézards et goélands votent, quant à eux, pour leur coexistence auprès des clans humains. Les ours des Pyrénées, les panthères du Tibet et les rhinocéros du Népal votent, eux aussi. Nous devons écouter ces voix et cesser de n'y voir que des corps sans intention, sans agentivité. Les animaux investiront toujours l'espace que nous leur accordons, dans les territoires, comme dans les esprits.

Je est un pigeon blessé dont le sauvetage fait débat

Sur l'interminable route forestière conduisant aux ruines de Calakmul, au Mexique, j'ai aperçu un chien. Il se tenait immobile, à distance au milieu des arbres. Hirsute. À l'évidence, il avait été abandonné là. À la cantina, le lendemain, un homme se vanta d'espérer que ce chien aurait une belle mort. Une mort utile, sous les crocs du jaguar.

La façon dont nous envisageons la place des animaux dans le monde confine à la ségrégation. L'idée de nature y est pour quelque chose : elle porte en elle la notion de frontière, de séparation. De l'autre côté de cette frontière, la conscience des animaux, même domestiques, finit négligée. Rendu à la nature, ce chien n'avait plus qu'à s'offrir aux crocs terribles du plus gros prédateur d'Amérique. Je n'ose imaginer les souvenirs heureux qui devaient être les siens, son incompréhension et sa nostalgie lorsque ces souvenirs s'imposaient à lui dans son sommeil, sous les singes hurleurs prêts à le réveiller. Ségrégation encore le jour où j'ai recueilli un pigeon juvénile qu'une corneille avait attaqué pour se repaître de sa cervelle. Une plaie béante au crâne, il se tordait de douleur. Je l'ai posé dans une boîte en carton, ai versé quelques gouttes d'eau sur sa langue, dans son bec, appelé des services vétérinaires, puis des bénévoles qui pourraient l'emmener aux urgences de Faune Alfort. Ce pigeon a succombé dans la soirée à l'hémorragie interne qu'avait dû provoquer l'attaque de la corneille. Dans une boîte en carton, au calme, plutôt que piétiné sur le trottoir par des passants qui hésitaient à voir en lui une jeune personne. Commentaire d'un internaute : « Vous avez privé une corneille de son repas… il faut respecter la nature. » L'idée d'une séparation entre animaux et humains, loin de nous rapprocher d'eux et de ce qu'ils sont vraiment, ne fait que museler l'empathie que nous éprouvons à leur égard. L'objet de cette empathie n'a pourtant rien d'une fantasmagorie : ce sont des êtres qui souffrent et pensent, comme nous. Les humains sont d'ailleurs enclins à réfléchir de même avec leurs semblables dès lors qu'ils s'éloignent de la norme : les personnes âgées dans les EHPAD, entre autres, en font malheureusement les frais. Le spécisme est véritablement la part visible, car socialement acceptable, d'un iceberg de cruauté.

Prêtons dès lors une attention particulière aux détails, tels que la manière dont les humains promènent « leur » chien. Le collier est un symbole fort, relent d'une époque où la strangulation était un moyen comme un autre d'inciter un animal à nous suivre. En 2024, le lobby animaliste CAP essayait encore de faire passer une loi pour l'interdiction des colliers étrangleurs, conçus pour susciter de la douleur dans un but pseudoéducatif. De nos jours, heureusement, les harnais sont de plus en plus répandus, preuve d'une attention nouvelle portée au ressenti des animaux. Et si j'y vois, avec certitude, la marque d'une affection réelle, c'est que ma mère me promena moi-même en harnais lorsqu'à la fin des années 1980 j'appris à marcher et commençai à vouloir m'éloigner d'elle. Je est un animal, déjà dans mon enfance.

De la même manière, nous soupçonnons d'en faire trop les personnes qui habillent leur chien lorsque les températures chutent, ou lorsqu'il pleut. Nous avons en effet appris que les chiens descendaient des loups, or personne n'habille les loups. Il devrait donc être dans la nature des chiens de résister au froid comme les loups de Sibérie, y compris lorsque des siècles de mutations génétiques ont abouti à un chihuahua ou à un carlin ! Je est un carlin de Charenton-le-Pont : je n'ai aucune idée de qui étaient mes ancêtres, je suis né avec des difficultés respiratoires du fait de mon museau écrasé qu'aucune chirurgie cranio-faciale ne viendra déployer. Je suis habitué, comme vous, à la chaleur de votre appartement, et j'apprécie la présence d'un manteau sur moi lorsque c'est nécessaire, voire de chaussettes lorsque le bitume est bouillant, lors des mal-nommées canicules (le mot signifie littéralement « temps de chien », et je ne comprends pas pourquoi).

Je est une chatte ne connaissant que le confort humain

N'ayant pas leur place dans la nature, plus domestiques qu'animaux, les chats s'attachent aux humains qui s'occupent d'eux comme les nouveau-nés à leurs parents. Depuis cette découverte, la question de leur abandon aurait dû voir sa gravité décuplée, mais on voyait encore, très récemment, des histoires de chats dont le happy end consistait à les renvoyer dans la forêt, militant ainsi, à leur insu, en faveur de l'abandon des animaux. Chassez l'idée de nature, elle revient au galop ! Si les chats constituent aujourd'hui l'espèce la plus souvent abandonnée, c'est que l'idée qu'ils sont plus proches de la nature que les chiens est encore très répandue. On n'imagine pas un film familial s'achever sur un teckel regagnant les sous-bois ! À la place, nous imaginons que les chats survivront, et que de toute façon ils nous méprisaient un peu. Aussi longtemps que nous garderons à l'esprit que nous devons nous soucier des individus et non des espèces, de leur bien-être psychique et non seulement physiologique, nous ne nous tromperons pas de beaucoup.

Je est un chat abandonné. Je peux souffrir de la solitude, et ne pas avoir envie qu'on me caresse pour autant. Je peux avoir envie de sortir, et ne pas vouloir passer ma vie dehors pour autant. Je peux rechercher la paix sans avoir envie de dominer qui que ce soit, car je ne suis ni un prince ni un petit-bourgeois, et ce n'est pas parce que je passe mes journées à ne rien faire, ou à prendre le soleil, que je suis heureux, car je peux être neurasthénique. Surtout, surtout, je n'ai aucune idée de ce qu'est la nature, car j'habite le monde, voilà tout. Un monde métissé, humain et animal.

Je est une chatte d'appartement. Je sors parfois en harnais, dans des cours et des jardins que j'ai appris à connaître. La forêt ne me manque pas ; je ne l'ai fréquentée qu'en de brèves occasions, où mon anxiété le disputait à ma curiosité. Dans les rues qu'il m'est arrivé d'entrevoir, et envisagé d'explorer, je pourrais finir piégée, mais je ne le sais pas. Les voitures présentent un danger que je ne mesure pas. Je ne découvrirai jamais l'étendue de l'univers, n'explorerai jamais la Nouvelle-Zélande ni ne rencontrerai de panthères nébuleuses, mais la vie d'intérieur me convient amplement. J'y ai mes jouets, mes griffoirs, ma litière, ma nourriture quotidienne, mes lieux de marquage hormonal, j'y ai mes rituels. Mes caresses. J'observe les oiseaux tantôt par la fenêtre, tantôt sur un écran d'ordinateur ; ils rompent ainsi une monotonie qui ne me dérange guère. Je dors beaucoup, je rêve et je joue presque autant. Surtout, je suis aimée, et j'aime en retour.

Je est un cheval et un petit frère aussi

La partition des territoires, liée à la ségrégation spéciste du monde, est entièrement de notre faute : notre responsabilité est d'y remédier. En chemin, nous nous retrouverons confrontés à des dilemmes moraux impliquant de recourir à autre chose que notre animalité pour les résoudre : la question de l'alimentation des chats, par exemple, nous amène à leur offrir en pâture d'autres individus non humains, poissons, lapins, oiseaux. Nous ne pouvons pas laisser les chats dans les cages des refuges, encore moins les euthanasier ; les adopter et les stériliser confine au devoir citoyen. La question de leur alimentation carnivore est inévitable. Si nous voulons honorer la nature comme une déesse, nous autoriserons nos chats à tuer tous les lézards, oisillons et musaraignes qu'ils voudront, tout en les nourrissant de surcroît d'autres animaux tués industriellement, servis sous forme de croquettes et de pâtée. À l'inverse, si nous y voyons des individus dont nous ne sommes ni propriétaires ni maîtres, mais responsables, il nous revient de prendre garde à ne pas flatter, non leur instinct, mais leur envie de tuer, et à les nourrir, dès que l'occasion se présentera, d'aliments ne procédant pas des abattoirs.

Un jour prochain, sans doute, leurs croquettes seront agrémentées de viande cultivée dans des bioréacteurs. Lorsque Padmé est au jardin, je lui interdis de chasser, son atavisme de chasseresse étant assouvi sur mes mains, ses boulettes de papier, voire sur sa sœur lapine. Je regrette simplement de ne pouvoir lui expliquer que les papillons sont en voie de disparition. En attendant, je me fends à l'occasion d'un paquet de croquettes véganes, dont je sais que s'y trouve tout le nécessaire. Nous ne sommes ni maîtres ni possesseurs des animaux, et, de la même manière que nous avons appris à maîtriser la chirurgie pour en faire bénéficier d'autres espèces, nous devons partager notre maîtrise de l'antispécisme à leur bénéfice. Une boussole morale grossière consiste à considérer les animaux comme des enfants plus ou moins sauvages.

À Saint Renan, un village de Bretagne, une fillette fait tourner son petit frère autour d'elle. Au pas ! Au trot ! Au galop ! Au galop, au galop, au galop ! Au galop, ça veut dire super vite ! Son petit frère court en cercles, comme relié à sa sœur par une longe. Il est très jeune, et ses capacités cognitives ne doivent pas s'être éloignées de celles d'un cheval depuis très longtemps. Je est un cheval : ma relation à l'humaine qui me fait tourner en rond dans un manège n'est pas très différente de celle d'un petit frère à sa grande sœur qui l'utilise pour jouer à la monitrice d'équitation. Je est un éléphanteau dans le sanctuaire pour éléphants de Reteti, au Kenya, où des humains recueillent les orphelins dont les parents ont été tués pour leur ivoire, ou victimes de la sécheresse. Les femmes se font mères adoptives des animaux sauvages, ne les distinguant plus des animaux domestiques… jusqu'au moment de les renvoyer dans la savane, moins par souci de la nature que parce qu'il est impossible de s'occuper de la nutrition d'un troupeau d'éléphants adultes, qui plus est avec du lait de chèvre acheté aux éleveuses de la région. En attendant, la rémission des éléphanteaux traumatisés passe par le contact avec leurs protectrices, et une véritable relation de maternité interspécifique se met en place, en particulier avec une jeune femelle : « Elle émettait des sons comme si j'étais sa mère », constate la responsable du sanctuaire, sensible à la spécificité de certaines vocalisations.

Cet exemple de parenté interspécifique, d'éléphanteaux nourris au lait de chèvre par des Kenyanes, ne produit pas le même mouvement de répulsion que l'idée d'un auteur français nourrissant sa chatte avec des croquettes véganes ou de la viande cultivée ; le geste est cependant le même. Certes, Padmé n'appartient pas à une espèce en voie d'extinction, loin de là, mais cette considération n'entre pas en compte dans une relation juste, d'une conscience à une autre, avec un animal. La question est celle de nourrir des animaux, herbivores, omnivores ou carnivores, qui, sans notre aide, vivraient une vie de misère. Mieux : il s'agit de prendre soin d'animaux qui nous identifient, nous, littéralement, comme leurs parents. Partant de là, faisons de notre mieux pour assurer leur bonheur.

L'idée de secourir les animaux sauvages fait son chemin, car nous nous savons responsables de leurs maux. La disparition des ours polaires correspond, concrètement, à la noyade d'oursons épuisés ne parvenant plus à suivre leur mère en quête de nourriture, faute de banquise où chasser. J'insiste : nous produisons et gaspillons une quantité monstrueuse de viande qui leur rendrait un fier service quand ils se trouvent condamnés, par notre faute, à regarder passer les phoques depuis le rivage. La disparition des éléphants correspond quant à elle à la mort par déshydratation d'éléphanteaux lors du trajet d'un point d'eau asséché à un autre ; si nous pouvons les abreuver, alors nous devons le faire, ce qui est le cas au Kenya. À Vancouver, on vaccine les orques. En Inde, à Khichan, on nourrit les grues qui viennent de survoler l'Himalaya. Nous devrions nous habituer à la symbiose nouvelle avec cette infinité de personnes protéiformes ayant, plus souvent qu'à l'accoutumée, vraiment besoin de secours. Au Mexique, sur la route de Calakmul, les singes hurleurs glissent des arbres, assommés par une chaleur extrême, et se tuent en percutant le sol. D'ici à 2080, l'Afrique sera devenue une telle chaudière que les chimpanzés seront condamnés à mourir de soif. La nature ? Non, l'anthropocène ! Il faudra leur apporter à boire, ou bien les exfiltrer. Ces grands singes seront des réfugiés climatiques, au même titre que les humains, et la question d'où et de comment les reloger se posera également.

En nous autorisant à reconnaître ce qui les rapproche de nous, au-delà d'idées abstraites et insaisissables, l'antispécisme nous offre de mieux comprendre les animaux et d'améliorer nos relations quotidiennes avec eux. Nous pouvons analyser les chimpanzés à l'aune des humains, et les éléphants à l'aune des chats. Pour tout dire, énormément d'animaux peuvent s'analyser à l'aune des chats : Randy, grand dauphin visitant parfois les ports du Finistère, et ami de Jade, l'épagneule, est un grand amateur de gratouilles sur le ventre. De la même manière, une lapine peut s'analyser à l'aune d'une orque : je pense à Tilikum, l'orque meurtrière de SeaWorld. Dans un documentaire intitulé *Blackfish,* consacré au drame et à ses causes, il apparaît que Tilikum est devenu agressif à la suite d'une injustice : n'ayant pas entendu le signe qui lui demandait d'interrompre l'une des pirouettes qu'on lui avait inculquées, il a poursuivi l'exercice ; puni pour son inattention plutôt que récompensé pour son zèle, il a perdu patience, et tué sa dresseuse. Je est un lapin de compagnie. J'accepte volontiers de tourner sur moi-même si on me le demande, mais j'exige une friandise en récompense : je la mérite. Si je ne la reçois pas, estimez-vous heureux que je ne sois pas né orque.

Des relations de justice peuvent facilement s'établir. Il suffit de ne pas faire travailler Phœbe pour rien, par exemple. Quant à Tilikum, il aurait été largement possible de le relâcher moyennant un peu de rééducation dans un sanctuaire, comme ce fut le cas, au début du siècle, de l'orque Keiko. Capturée, exploitée puis réhabilitée, l'héroïne du premier *Sauvez Willy* a consacré ses trois ans de liberté, avant de mourir de pneumonie, à continuer de fréquenter les humains, dans une relation interspécifique précieuse et, enfin, juste. Cap sur l'Australie : à Brisbane, la cohabitation entre corvidés et hominidés s'est mise en place depuis les années 1990. Les uns nichent sur les toits, les autres dessous. Il semble que les corbeaux, voyant les humains imiter parfois la construction de leurs nids, aient appris à ne plus se défier d'eux comme avant.

Notre objectif, soyons clairs, est de faire revenir les animaux. Nos ancêtres les ont chassés pendant des siècles, chassés pour s'en nourrir, chassés pour le loisir, chassés des villes pour faire place nette ou de chez eux pour faire recette, et toutes ces chasses, carburant à un spécisme aveugle, nous ont conduits à l'extinction d'espèces la plus brutale depuis le choc de notre planète avec un astéroïde, il y a 66 millions d'années. Contrairement à l'astéroïde, cependant, nous pouvons tenter de faire machine arrière en invitant les animaux à nous rejoindre. Non pas dans des cages ou des enclos, mais dans le monde, à nos côtés. Baleines se nourrissant de saumons, goélands apprivoisés, gangs de macaques et meutes de loups, peu importe leur nombre, la régulation démographique viendra après. Ils apprendront. Ils s'adapteront. Qu'ils commencent par revenir.

11. GRADUALITÉ DE LA CONSCIENCE

Marguerite Yourcenar cernait déjà la parenté des animaux et des humains en 1968. Dans ses *Souvenirs pieux,* elle raconte : « Il y a toujours pour moi cet aspect bouleversant de l'animal qui ne possède rien, sauf sa vie, que si souvent nous lui prenons. » Elle conclut : « C'est pourquoi la souffrance des animaux me touche à ce point, tout comme la souffrance des enfants. » Certes, les enfants sont censés nous survivre, et la plupart des animaux, non. Ainsi tendons-nous à nous prémunir d'un deuil inévitable en nous maintenant à distance d'une affection trop grande pour ceux qu'il nous est impossible d'adopter, de nourrir et de soigner. Mais, si nous voulons que les animaux sauvages reviennent, ce n'est pas seulement dans les forêts, les mers et les villes, c'est dans nos cœurs. Quel intérêt auraient les baleines bleues à revenir dans un monde qui s'empresserait de se dire que la chasse peut reprendre puisque l'espèce n'est plus menacée ? Quel intérêt auraient les éléphants, dont nous savons à présent qu'ils enterrent les éléphanteaux, à redevenir les membres d'une nation florissante, confrontés à des humains qui ne verraient toujours en eux que des animaux, et non, sous une autre forme, leurs reflets parfaits ?

Les loups font déjà les frais de ce paradoxe. Après leur extinction en France au début du XXe siècle, ils ont fait leur retour dans le pays, mais, les pauvres, dans un pays gangrené par les chasseurs et les éleveurs qui influencent les lois et se fixent des quotas de meurtres. Les revoilà chassés, constamment à la limite d'une deuxième extinction nationale, plus menacés que jamais par cette idée qu'au fond, même si nous les massacrons, ils finiront par revenir. Alors que faire ? Dans les campagnes où les meutes reviennent, les populations de sangliers diminuent, ce que déplorent, comme de juste, les bourreaux des fédérations de chasse, chargés de réguler à l'arme lourde les sangliers en question. Rendre aux vrais carnivores tout le gibier sauvage serait l'évidence même ; partager avec eux des animaux dont nous, humains, sommes en mesure de nous passer devrait couler de source aussi. Que l'on déplore la mort des brebis sous les crocs des loups comme des suites d'une maladie incurable, et nous aurons fait un grand pas, à condition de tout faire nous-mêmes pour maintenir ces brebis en vie… Question d'honnêteté !

Je est un loup. J'ai la mémoire des membres de ma meute, même de ceux qui sont morts et que je revois en rêve. Je connais leur caractère, leur rôle dans la chasse, leur rôle dans la famille ; je connais les louveteaux, dont j'ai parfois la charge. J'ai surtout peur de ce que les humains font à mon ouïe, à ma vue, à mon odorat ; je ne comprends pas et j'ai mal lorsque des loups que je connais sont tués. Je ne comprends pas et j'ai mal lorsque je suis tué, moi.

Oui, clairement, il faudrait des mémoriaux. Il commence à y en avoir. Suivant celui de Pozières, dans la Somme, un monument aux animaux de la Première Guerre mondiale fut inauguré à Paris, square Boucicaut, près de l'hôtel de Matignon. Plus d'un siècle après la fin de la guerre. Il faudrait des mémoriaux aux rorquals et aux rhinocéros. Aux vaches, aux moutons, aux cochons. Aux loups. Et pourquoi pas aux crevettes, tant qu'on y est ? Ou aux drosophiles ? Ce sont là de fréquentes, et excellentes, objections. Si nous n'y répondons pas, tout l'édifice de nos découvertes sur la conscience animale risque de s'effondrer sous le poids de cette apparente incohérence. C'est d'ailleurs la raison pour laquelle l'antispécisme peine à se banaliser, comme l'ont fait les Droits de l'Enfant : on n'en voit pas le bout. Si nous érigeons un mémorial aux éléphants, pourquoi pas aux mouches ?

Je est un bonobo vu comme un animal

Si la conscience concerne la grande majorité des animaux, les variations de celle-ci au sein des classes (mammifères, poissons, céphalopodes…) sont négligeables, plus encore au sein des ordres (siréniens, carnivores, lagomorphes…), plus encore au sein des familles. Les humains appartenant à la même famille que les chimpanzés, les bonobos, les gorilles et les orangs-outans (celle des hominidés), il est injuste de penser que ces personnes dans d'autres corps puissent différer de nous par autre chose que des détails. Alors, se servir de ces détails pour échafauder une conception de la hiérarchie des espèces, n'en parlons pas !

Dans le fond, l'antispécisme ne propose rien de révolutionnaire. Il ne préconise que de tirer les conséquences d'une chose dont tout le monde a l'intuition, car tout le monde a l'intuition de la justice : la violence gratuite est condamnable. Personne n'est ouvertement pour la maltraitance animale : même les chasseurs et les aficionados se réclament de la tradition ou de la régulation de la nature. Or, si l'antispécisme peine à susciter l'attention qu'il mérite, c'est qu'il semble que, selon ses préceptes, un criquet vaille un humain. Une telle idée reçue chemine à rebours d'une autre intuition répandue : la vie intérieure d'un humain n'est pas celle d'un criquet. Personne ne sachant trop que faire de l'agacement produit, les réflexions qui le provoquent sont abandonnées, et l'idée d'une gradualité de la conscience avec.

Toutes les consciences ne sont pas les mêmes ; certaines sont plus complexes que d'autres. En termes moins alléchants : toutes les consciences ne se valent pas. Cela, il serait absurde, vain et fatigant de le nier. La vie intérieure d'un capucin n'est pas celle d'une osmie, celle d'un hippocampe n'est pas celle d'un poussin, celle d'un bébé n'est pas celle d'une corneille, et celle d'un humain n'est pas celle d'un saint-bernard. Tous tiennent à leur existence et méritent d'être protégés par ceux qui en ont le pouvoir, qu'il s'agisse de leurs parents, de leurs nourrices ou de nous. Pourtant, afin d'éviter l'épineuse question du spectre de la conscience, nous concluons que l'humanité occupe une extrémité de ce spectre, et que tout le reste se vaut, voire n'existe pas. C'est quand même dommage. Comment fonder l'idée d'une gradualité de la conscience sans recourir à la connivence spéciste de notre auditoire, trop enclin à retracer des frontières entre espèces pour de mauvaises raisons ?

Je est un agneau tourmenté de toutes les manières. Depuis ma naissance, un élastique autour de ma queue provoque sa nécrose ; elle tombera bientôt. Je ne connais pas la personne qui l'a posé, mais elle est responsable de mon existence. Je est un moustique traversant l'étable. Né dans l'auge, à côté, je constitue pour la bergère une menace active, et mes semblables, dans le monde, tuent plus d'humains que n'importe quel autre animal au monde – quoique nous le fassions involontairement, ce qui n'est pas le cas des crocodiles ou des hippopotames.

Regardons le moustique et l'agneau de près, d'aussi près que possible, et regardons-les longtemps, pour saisir le contexte de leur existence. Je est un agneau suivi par une caméra pendant toute ma vie. Je est un moustique qu'on ne quitte pas du regard, de la naissance à la mort, vingt-quatre heures sur vingt-quatre. Les agneaux sont attachés à leur mère ; les moustiques ne rencontrent jamais la leur, quoi qu'on pense du mythe de la brave femelle moustique seule à nous piquer, suscitant par là l'image grotesque d'un moustique rougeaud retournant vers son nid pour nourrir une nichée de moustiquaillons piaillants (notre sang n'a pas vocation à être régurgité dans le gosier des petits, comme dans le cas des oiseaux, mais aide simplement à la maturation des œufs portés par la femelle). Plus important encore, les agneaux sont des vertébrés comme nous, et des mammifères comme nous : douter que leur expérience du monde soit si différente de la nôtre est donc encore plus suspect que de se demander si une poule, un poisson ou une abeille, moins proches de nous, souffrent quand on les mutile.

Le mot « sentience » ne désigne pas la conscience sous sa forme animale, mais le seuil à partir duquel un être vivant cesse d'être à l'état végétatif pour devenir conscient. Un être vivant est sentient ou il ne l'est pas. C'est binaire. Pourtant, une fois qu'il est sentient, il devient conscient, et la conscience, elle, n'est pas binaire, mais graduelle. Le problème, c'est qu'on ne peut discuter de cette gradualité qu'à partir du moment où il est bien établi que son existence suffit à désigner un être comme une personne… moustiques et criquets compris, ces minuscules personnes sentientes, peu conscientes, antipathiques, bruyantes et parfois toxiques, peu intéressantes selon nos critères. Mais attention : tant que nous partirons du principe que toute conscience n'atteignant pas le degré moyen de la conscience humaine prive son détenteur des droits les plus élémentaires, il sera trop tôt pour discuter de ce qui distingue l'osmie du capucin, le poussin de l'hippocampe, la corneille du bébé ou le saint-bernard de l'humain.

Je est un agneau saigné à l'abattoir. Pour moi, les humains sont ces créatures bourdonnantes venues prendre mon sang. Si je pouvais, je les écraserais pour me défendre et retrouver mon calme. Ce faisant, je ne ferais rien de mal ; pas plus que les humains se gardant des piqûres.

Je est un lézard plus simplement qu'un gorille

Certains antispécistes considèrent que ces histoires de gradualité de la conscience entretiennent l'injustice de notre rapport aux animaux. Le Non Human Rights Project se préoccupe en priorité de libérer les grands singes détenus dans les zoos : d'aucuns considèrent ainsi qu'une telle entreprise attise les vieilles habitudes nocives consistant à avoir l'impression que certaines espèces valent mieux que d'autres. À l'inverse, je pense plutôt que cela fait bouger les lignes, et à raison. On ne défend pas un gorille des montagnes comme un lézard de l'Atacama. Et ce n'est pas grave ! Admettre la gradualité de la conscience ne signifie pas que nous redevenons spécistes, parce que nous ne redevenons pas arbitraires. Une question revient souvent, suscitée par la méconnaissance de ce par quoi remplacer la partition arbitraire des espèces : « Vous placez une vache et une humaine sur le même plan, alors ? » Bonne nouvelle : non ! Mais pas parce que l'une est une vache, et l'autre, une humaine, ce qui serait arbitraire. Plutôt en fonction de ce qui se passe dans leur tête, et que l'on peut connaître sans être télépathe ou magicien. Juste observateur, rationnel et de bonne foi.

Les découvertes constantes effectuées dans le domaine de l'enfance des animaux en disent beaucoup sur la complexité de leur conscience. Il est en effet possible aujourd'hui, et ce depuis vingt ans à peine, d'étudier comment les individus de certaines espèces apprennent à parler (chez les baleines, les perroquets, les passereaux…) : si certains d'entre eux ont l'air tout faits à la sortie de leur œuf ou de l'utérus de leur mère, leur conscience, elle, se construit et se complexifie au fil de leurs années d'apprentissage, développant une richesse émotionnelle et une intelligence fondées sur la mémoire, et propres à chaque individu. Évidemment qu'un têtard est capable de moins d'opérations cognitives qu'un crapaud.

Pareil avec les chenilles, moins conscientes que les papillons, avec les oisillons, moins conscients que leurs parents, ou avec les nourrissons, moins conscients que les adultes ayant développé et complexifié leur conscience au fil de plusieurs décennies. Tous, cependant, sont conscients à leur manière, et peu importe si aucun d'entre eux ne pilotera d'avion ou ne pratiquera d'opération cranio-faciale.

À bien regarder, cela n'a rien d'étonnant. La conscience est un outil. Comme pour le vol ou le sonar, des espèces différentes ont pu y accéder avec des organes différents ; on appelle cela une convergence évolutive. C'est ce qui fait que les libellules, les oiseaux et les chauves-souris ont tous atteint la capacité de voler avec des ailes très diverses, ou que l'on retrouve le sonar chez les dauphins, les chauves-souris et les humains. De même, la conscience s'est développée et implantée au sein de plusieurs branches très distinctes de l'arbre du vivant (on la reconnaît désormais chez les insectes et les poissons). Ce qui est certain, c'est que notre conscience est d'autant plus similaire à celle des animaux qu'ils nous sont proches évolutivement. Pourtant, nous faisons des burgers, des saucisses et du boudin avec des mammifères. À ceux-là, oui, nous devons des mémoriaux.

La Déclaration de Cambridge reconnaît carrément la conscience des céphalopodes, alors que nous savons que notre ancêtre commun, à eux et à nous, n'était même pas sentient. La conscience est apparue chez eux parallèlement à la nôtre, dans une autre branche de l'arbre du vivant. Il faut alors les voir, de nos jours, recourir à des outils, vaincre des enfants à certains tests cognitifs (le célèbre test du marshmallow, qui implique de se retenir devant une friandise), voire se laisser apprivoiser par des plongeurs… Par pure convergence évolutive avec les vertébrés. Ils en avaient besoin aussi, voilà tout. Les céphalopodes sont ce qui existe de plus proche des extraterrestres, d'une conscience apparue dans un corps extrêmement différent du nôtre. Eux aussi, nous pouvons les rencontrer. En reconnaissant les diverses manières d'être conscient, révélées au compte-gouttes par l'éthologie, nous n'aurons pas forcément à complexifier notre rapport aux animaux : tout ce que nous devons retenir, c'est qu'ils nous ressemblent plus que nous l'imaginions. Rien ne compte plus que de prêter attention aux spécificités de chaque espèce et d'en tenir compte. La conscience, passerelle au-delà du mystère, est l'une de ces spécificités.

Regardons chaque vivant pour ce qu'il est. Les animaux sont conscients ; les plantes, non. Voilà une forme d'attention au réel. Une forme de respect, de proximité et d'amour à son égard. Moyennant cette différence majeure : les animaux nous rendent manifestement cet amour. Ils peuvent le ressentir aussi. De cette distinction découle une distinction morale : aux choses qui ne ressentent rien, nous ne devons rien. Aux autres, le maximum.

ÉPILOGUE

Lorsque je sors, lorsque je voyage, je retrouve la civilisation telle qu'elle est, pas prête d'accorder ne serait-ce que le droit de vivre aux animaux. Même le minimum paraît hors de portée. Je vois toutes les manières de cuisiner la viande, profondément attachées à l'identité de tous les pays, Pakistan, Vietnam, Turquie, Italie, France… Je vois une *steak night* annoncée dans un pub de Dunbar, sur la côte est de l'Écosse. Je vois les goélands survoler le panneau complété à la craie, et ne vois pas comment concilier les individus terrestres, ceux qui se rendront à cette soirée et éprouveront du plaisir, animaux sociaux qu'ils sont, et les individus aériens, qui ne font pas beaucoup d'efforts politiques et iront même se poser près des poubelles grappiller des restes de steak.

Peut-on sérieusement envisager un monde où les habitants de Dunbar se retrouvent le soir pour manger végane (et boire de la bière) dans un bâtiment spécialement aménagé pour que les goélands, les canards eiders et les mouettes tridactyles puissent nicher, voire se nourrir, tandis que leurs chalutiers auront été reconditionnés pour servir à autre chose qu'à tuer des poissons et, accidentellement, des cétacés ? Quelle sera alors leur relation aux phoques qui viennent, chaque soir, chasser dans le port ? Accepteront-ils que les phoques continuent de manger des poissons, mais pas eux ? La réponse est non. On ne peut pas l'imaginer, ni pour Dunbar, ni pour la France, ni pour ailleurs. Pourtant, je ne veux rien imaginer d'autre, et je ne sais pas comment on peut fonctionner en imaginant que ça pourrait changer autrement que comme ça.

Les écosystèmes qui nous ont vus naître, nous en tant qu'espèce, nous en tant qu'individus, sont foutus. On ne les restaurera pas. Chaque année sera désormais plus chaude que la précédente, chaque année les catastrophes seront plus menaçantes, incendies et tornades, éboulements et inondations… Et si d'un coup de baguette magique, l'antispécisme devenait aussi répandu que les droits de l'Homme, nous réglerions certes les catastrophes morales en cours dans les abattoirs ou les filets de pêche, mais les impacts environnementaux de notre alimentation spéciste mettraient des siècles à s'adoucir. Si nous agissons, ce sera pour les générations futures. Pour nous, il n'y aura qu'une conscience apaisée. Et quand j'entends, sempiternelle conclusion des documentaires animaliers, que « notre intelligence peut nous permettre d'éviter la crise », je me dis que, si c'était le cas, nous l'aurions remarqué. Les humains, dans leur écrasante majorité, ne sont même pas écologistes. Chine, Indonésie, Philippines, Honduras… Ces pays sont ravagés par nos semblables, frères et sœurs de spécisme et d'humanisme, rationnels comme religieux, également persuadés que les humains diffèrent de tout ce qui a jamais existé sur terre, et peut-être même dans l'univers.

Pas plus que les humains ne sont tous allés dans l'espace ou n'ont tous peint la Joconde, ils sont rares, aujourd'hui, à être antispécistes, et la plupart se réclament toujours des animaux (enfin, de la nature) pour justifier la perpétuation de leur prédation sur le monde. Pour l'instant, à mes yeux, les humains ne font rien, ou si peu, de ce qui constitue leur « propre » – chirurgie cranio-faciale comprise. Ils pourraient être antispécistes, vraiment à part dans l'univers, mais ils ne le sont pas. Ils sont donc, moralement compris, au niveau des animaux. Ils ne valent littéralement pas mieux. Ils protègent les leurs, avec une conception parfois violemment restrictive de ceux-ci ; rien d'extraordinaire. Les crocodiles aussi protègent leurs petits.

Ce qui me rend antispéciste, c'est que les gens ne le soient pas. Le jour où l'humanité sera antispéciste, ou du moins s'en fixera le cap et reconnaîtra ne pas valoir mieux, ou plus, que ceux qui lui ressemblent, ce jour-là, promis, j'admettrai que nous avons fait du bon boulot, que nous avons fait quelque chose de vraiment hors de portée des ours kodiak ou des crabes : défendre, activement, le règne de la conscience sur la planète.

Chers animaux,

Le rêve du retour à une planète primordiale et pure, toute verte, toute bleue, s'accommode trop de petits gestes entretenant l'illusion d'une digue suffisante face à la coulée de lave humaine. Ce rêve donne envie d'agir, il est indispensable, mais je n'y vois que l'amorce d'un engagement digne de ce nom. Vous m'avez inspiré autre chose. Un rêve plus risqué, qui nous unit à vous pour de bon. Le livre d'un animal.

Animal, je ne réfléchis plus qu'en territoires : là où je peux me rendre, là où je peux me nourrir. Là où je rencontrerai mes semblables. Animal, je ne réfléchis plus en espèces, mais en alliances, ou en relations. Désirables ou inutiles ? Amicales ou hostiles ? Animal, je ne cherche plus à savoir ce qui est humain, mais ce qui me rendra mon regard.

On nous a enseigné à craindre l'anthropomorphisme comme un venin létal, et l'on se gardait bien, alors, de nous dire que nous ne faisions souvent que reconnaître des traits animaux présents chez les humains aussi. Humain, chose consciente, je peux me servir de ce qui pense et ressent en moi comme d'une pierre de Rosette, pour approcher ce qui pense et ressent, là, derrière d'autres fronts. Je ne mettrai pas vraiment la main sur ce qui s'y passe, pas plus que dans la tête de mes semblables. Nul n'est télépathe, pas même les cétacés, mais tout le monde peut essayer de deviner. Et tout le monde peut y arriver. Seule cette tentative, rendue systématique et universelle, saurait me rendre l'espoir qu'il restera des morceaux du monde après ce que nous sommes en train de lui faire.

Adopter le point de vue animal n'est impossible que si nous le décidons, et nous ne saurions décider d'une chose pareille que pour de mauvaises raisons.

C'est en nous souvenant que les rongeurs peuvent rire que nous prendrons garde de ne plus semer de poison partout.

En nous souvenant que les hirondelles nées en France préfèrent hiverner en Afrique francophone que nous ferons une priorité de la protection de leurs nids.

En nous souvenant que même les bonobos peuvent être violents que nous garderons à l'esprit leur parenté totale avec nous.

En nous souvenant que les chevaux comprennent les sourires que nous cesserons de les utiliser comme des voitures de course.

En nous souvenant que les chats ressentent la peur, comme l'ennui, que nous prendrons soin d'eux lors de nos pérégrinations.

En nous souvenant que les poissons ne se laissent pas prendre deux fois par le même appât que nous respecterons l'intelligence de ceux qui habitent les rivières et les océans, au point de ne plus les vider.

En nous souvenant que les gravelots à collier s'attachent à leurs petits que nous saurons qu'il importe de sanctuariser, le printemps venu, leurs pouponnières dans le haut des plages.

En nous souvenant que les lapins sont joueurs que nous ferons barrage de nos lois pour empêcher que ceux des Invalides, à Paris, soient déplacés dans une réserve de chasse.

En nous souvenant que les vaches aiment s'allonger au soleil que nous cesserons d'acheter du cuir.

En nous souvenant que les animaux sont des personnes (et que nous pouvons nous passer de les manger) que nous pourrons inventer la cohabitation interspécifique la plus pacifique possible.

Je crois à cette écologie-là. Une écologie de l'éthologie. Une écologie de la conscience. À travers elle, nous redécouvrons la réalité. Nous quittons notre vieille planète, traversons l'univers et rejoignons un monde où tout n'est pas encore perdu.

Plus que jamais, prenez soin de vous.

C.

Camille,

Ta façon de renoncer à ton identité d'humain nous touche. Finie la quête adolescente de qui tu es, d'à quel groupe te rattacher. Beau geste. Il y a des corps. Des consciences dedans. La tienne, les nôtres, les leurs. C'est tout ce qui compte. Oui. Les humains se sont si longtemps définis en opposition à nous qu'ils seront sans doute perdus à l'idée de ne plus pouvoir s'opposer qu'à ce qui ne pense pas. L'humain disparaîtra, bon débarras. Vous n'aurez plus qu'à vous dire : je suis animal parce que je ne suis pas un buisson. Je suis animal parce que je ne suis pas un quartz. Je suis animal parce que je ne suis pas de l'hélium. Nous comptons sur vous pour trouver d'autres manières de vous définir, en tant qu'Européen, Breton, non binaire, diurne, aquatique, Gémeaux, etc., sans passer par la notion d'espèce. Celle-ci redeviendra ce qu'elle était avant votre apparition : un flux continu.

Que ce soit clair : nous voulons rester amis. Proches, du moins. Un monde entièrement colonisé par une espèce animale unique ne mériterait plus d'exister. Nous tenons à rester en contact avec vous. Nous pourrions même, si vous êtes sages, redevenir vos totems. Tant que vous garderez en tête que nous existons en dehors du symbole, cette colonne vertébrale pourra maintenir des sociétés multispécifiques entières. Ne nous oubliez pas dans la science, la philosophie, le droit, la politique, le langage, l'art ; ne nous oubliez pas dans la poésie non plus. Elle a pu nous éloigner de vous. Elle pourra toujours orner le lien qui nous unit.

Tout totem est bon à prendre. L'instauration d'une symbiose émotionnelle avec une espèce précise joue un rôle protecteur, il vous rattache à d'autres consciences, il vous métisse. Prenez les Patronus dans *Harry Potter* s'il le faut, colibri, cygne ou chat, mais pas dragon ou hippogriffe, car nous vous demandons de nous promettre une seule chose : ne plus vous éloigner trop de ce que nous sommes, ne plus nous prendre pour des imbéciles, des esclaves, des images ou des monstres. Nous nous sommes trop longtemps perdus de vue. Dragons et hippogriffes n'existent pas, mais vous avez les varans et les ornithorynques : ne les oubliez pas. Regardez-les pour ce qu'ils sont.

Et si vous deveniez, par anticipation, ce peuple premier dont le rapport aux non-humains est simple et vrai ? Vous rendriez les générations futures jalouses de vous plutôt que de vous résigner à être les pires, ceux qui auront tout eu et tout brûlé, tout empoisonné, tout tué. Imaginez, dès maintenant, une France comme la Patagonie ou la plaine du Serengeti, et de vastes troupeaux de bovidés sauvages guettés par des familles de prédateurs dans des champs que vous leur aurez rendus, n'ayant plus besoin de cultiver le fourrage pour nourrir votre bétail dissimulé. Imaginez même une humanité végane au milieu de ces réserves françaises, avec, sanctuaire dans le sanctuaire, des refuges pour animaux de ferme.

Bisons, gnous, guanacos, cerfs élaphes, vaches férales. Le TGV fuse au milieu des hardes, et vous apercevez des loups, des lynx, des ourses autour. Levez les yeux : autant d'aigles que de cigognes planent au-dessus du sol. Nous sommes revenus. Nous restons vulnérables. Et, de la guêpe tournoyant près de votre goûter au poisson-lune passé vous examiner dans le golfe de Gascogne, vous qui espériez voir des globicéphales, faites en sorte de nous maintenir en vie. Votre conscience n'existe pas sans la nôtre. Nous en sommes les gardiens.

SOURCES

Livres

Lettres de Memmius à Cicéron, Voltaire (1771).
An Introduction to Principles of Morals and Legislation, Jeremy Bentham (1789).
Walden, Henry David Thoreau (1854).
L'Origine des espèces, Charles Darwin (1859).
L'Expression des émotions chez l'homme et les animaux, Charles Darwin (1872).
Le Meilleur des mondes, Aldous Huxley (1931).
L'Œuvre au noir, Marguerite Yourcenar (1968).
Souvenirs pieux, Marguerite Yourcenar (1974).
La Libération animale, Peter Singer (Payot, 1975).
Sexe, race et pratique du pouvoir ; l'idée de nature, Colette Guillaumin (1978).
The Case for Animal Rights, Tom Regan (1983).
Les Oies cendrées, Konrad Lorenz (Albin Michel, 1989).
Espèces et éthique ; Darwin : une révolution à venir (Estiva Reus, David Olivier, James Rachels et Yves Bonnardel, Tahin Party, 2001).
Classer, dominer ; qui sont les « autres » ?, Christine Delphy (La Fabrique, 2008).
Faut-il manger les animaux ?, Jonathan Safran Foer (L'Olivier, 2009).
Mémoires de la jungle, Tristan Garcia (Gallimard, 2010).
Vivre avec les animaux ; une utopie pour le XXI*e siècle,* Jocelyne Porcher (La Découverte, 2011).
L'animal est-il une personne ?, Yves Christen (Flammarion, 2011).
Anima, Wajdi Mouawad (Actes Sud, 2012).
Le Point de vue animal ; une autre version de l'histoire, Éric Baratay (Le Seuil, 2012).
Anthologie d'éthique animale ; apologie des bêtes, Jean-Baptiste Jeangène Vilmer (PUF, 2012).
Le Chagrin des animaux, Barbara J. King (De Fallois, 2014).

Introduction aux droits des animaux, Gary Francione (L'Âge d'homme, 2015).
Speaking Up for Animals; an Anthology of Women's Voices, Lisa Kemmerer (Routledge, 2015).
Zoopolis ; une théorie politique des droits des animaux, Sue Donaldson et Will Kymlicka (Alma, 2016).
La Politique sexuelle de la viande ; une théorie critique féministe végane, Carol J. Adams (L'Âge d'homme, 2016).
Contre la mentaphobie, David Chauvet (L'Âge d'homme, 2016).
La Révolution antispéciste, collectif sous la direction d'Yves Bonnardel, de Thomas Lepeltier et de Pierre Sigler (PUF, 2018).
Paroles d'animaux ; écouter ce qu'ils ont à nous dire, Karine Lou Matignon (La Découverte-Arte Éditions, 2018).
La Panthère des neiges, Sylvain Tesson (Gallimard, 2019).
Révolutions animales ; comment les animaux sont devenus intelligents, sous la direction de Karine Lou Matignon (Les liens qui libèrent, 2019).
Braves bêtes ; animaux et handicapés, même combat ?, Sunaura Taylor (Portrait, 2019).
Après nous, les animaux, Camille Brunel (Casterman, 2020).
Manières d'être vivant ; enquêtes sur la vie à travers nous, Baptiste Morizot (Actes Sud, 2020).
Le mépris des « bêtes » ; un lexique de la ségrégation animale, Marie-Claude Marsolier (PUF, 2020).
La Pensée végane ; 50 regards sur la condition animale, sous la direction de Renan Larue (PUF, 2020).
Solidarité animale ; défaire la société spéciste, Axelle Playoust-Braure et Yves Bonnardel (La Découverte, 2020).
Qu'est-ce qu'une plante ? essai sur la vie végétale, Florence Burgat (Le Seuil, 2020).
La Dernière Étreinte, Frans de Waal (Les liens qui libèrent, 2020).
Les Émotions de la Terre ; des nouveaux mots pour un nouveau monde, Glenn Albrecht (Les liens qui libèrent, 2021).

Nous et les autres animaux, Catherine Kerbrat-Orecchioni (Labyrinthes, 2021).
À l'école des animaux, Carl Safina (Buchet Chastel-La Librairie Vuibert, 2021).
L'Odyssée des fourmis, Audrey Dussutour et Antoine Wystrach (Grasset, 2022).
La Folie des chats, Claude Béata (Odile Jacob, 2022).
Dans le sillage des corbeaux ; pour une éthique multispécifique, Thom van Dooren (Actes Sud, 2022).
Mémo sur la nouvelle classe écologique ; comment faire émerger une classe écologique consciente et fière d'elle-même, Bruno Latour et Nikolaj Schultz (Les empêcheurs de penser en rond, 2022).
L'Inexploré, Baptiste Morizot (Wildproject, 2023).
Comment parler baleine ; l'incroyable avenir de la communication animale, Tom Mustill (Albin Michel, 2023).
Écologies ; le vivant et le social, coordonné par Philippe Boursier et Clémence Guimont (La Découverte, 2023).
L'Inconscient des animaux, Florence Burgat (Le Seuil, 2023).
Un monde immense ; comment les animaux perçoivent le monde, Ed Yong (Les liens qui libèrent, 2023).
Wildlife; Photographer of the Year 2023 (Biotope Éditions, 2023).
Rousse ; les beaux habitants de l'univers, Denis Infante (Tristram, 2024).
Corps de ferme, Agnès de Clairville (Harper Collins Traversée, 2024).

Films, séries et documentaires

Le Jaguar, seigneur de l'Amazone, James Algar (1960).
Koko le gorille qui parle, Barbet Schroeder (1978).
Grizzly Man, Werner Herzog (2005).
The Island, Michael Bay (2005).
10 000, Roland Emmerich (2008).

The Tree of Life, Terrence Malick (2011).
Blackfish, Gabriela Cowperthwaite (2013).
Cowspiracy, Kip Andersen et Keegan Kuhn (2014).
Voyage of Time, Terrence Malick (2016).
Godzilla: King of the Monsters, Michael Dougherty (2019).
La Sagesse de la pieuvre, James Reed et Pippa Ehrlich (2020).
Gunda, Victor Kossakovski (2020).
Vedette, Claudine Bories et Patrice Chagnard (2021).
Pig, Michael Sarnoski (2021).
Lamb, Valdimar Jóhannsson (2021).
Cow, Andrea Arnold (2021).
Les Derniers Baleiniers de São Miguel, Annette van Trigt (2021).
Eo, Jerzy Skolimowski (2022).
Avalonia : l'étrange voyage, Don Hall (2022).
Wish : Asha et la bonne étoile, Fawn Veerasunthorn et Chris Buck (2023).
Migration, Benjamin Renner et Guylo Homsy (2023).
Les Chuchoteurs d'éléphants, Kartiki Gonsalves (2023).
Abysses, Philipp Stölzl, Barbara Eder et Luke Watson (2023).
Le Règne animal, Thomas Cailley (2023).
Notre Planète II, Alastair Fothergill et Keith Scholey (2023).
La Vie sur notre planète, Alastair Fothergill, Keith Scholey et Steven Spielberg (2023).
Kenya ; gardiennes des éléphants, Claire Barriau, Valentin Baillet et Bruno Victor-Pujebet (2023).
L'Empire des chimpanzés, James Reed (2023).
Espèces en voie d'adaptation, David Allen et Oliver Twinch (2024).

Un album, une revue, un musée, un site et un podcast

Gong ! collectif Catastrophe.
Revue *Salamandre,* sous la direction de Julien Perrot.

The Mayflower Museum, Plymouth.
« Questions animalistes », Florence Dellerie.
Comme un poisson dans l'eau, Victor Duran-Lepeuch.

REMERCIEMENTS

Au-delà de Padmé et de Phœbe, sereines compagnes de mes nuits d'écriture, j'adresse toute ma gratitude aux personnes humaines qui m'auront prouvé que notre espèce garde encore bien du charme : Damien Deville, qui m'a introduit sur le territoire d'Ulmer, et Suyapa Hammje, mon éditrice, pour sa bienveillance, son exigence et son hallucinante confiance sans faille. Cette sérénité-là aussi m'a porté. Merci à celles et ceux qui, répondant à mes questions, relisant mes brouillons, auront guidé le « je » au fil de ses métamorphoses : Sandra Krief, Valentine Labourdette, Milton Federici et Laura Rouaux ; Yves Bonnardel, Estelle Derrien, Eugenio Renzi et Annie Lulu. Merci à Arec et à son compagnon humain pour la rencontre inspirante qu'il me fallait, au cœur du travail. Et merci à ma conscience préférée, toutes formes confondues, pour son écoute, enfin pour tout, et surtout sa patience : Elsa.

Du même auteur

Vie imaginaire de Lautréamont, Gallimard, 2011.
La Guérilla des animaux, Alma, 2018.
Le Cinéma des animaux, UV, 2018.
Les Métamorphoses, Alma, 2020.
Après nous, les animaux, Casterman, 2020.
Éloge de la baleine, Rivages, 2022.
Ecatepec, Alma, 2023.
Ces jeunes qui défendent les animaux, La Martinière, 2023.

ulmer
éditeur du vivant

Nous nous engageons pour la planète :

- Papier intérieur composé à 100 % de fibres certifiées PEFC provenant de forêts gérées durablement.
- Impression avec des encres végétales.
- Formats de papier optimisés.

Couverture : Manon Bucciarelli
Conception graphique intérieur : Guillaume Duprat et Julia Verneau
Révision : Chloé Chauveau
Réalisation : Nord Compo

Impression : Corlet
ISBN : 978-2-37922-389-1
N° d'édition : 389-01

Dépôt légal : septembre 2024
Imprimé en France

33, rue du Faubourg Montmartre - 75009 Paris
Tél. : 01 48 05 03 03
www.editions-ulmer.fr
Retrouvez-nous sur Facebook & Instagram

PEFC/10-31-1510